「d-book」
不平衡三相回路と相変成回路

森澤　一榮　著

[BOOKS | BOARD | MEMBERS | LINK]

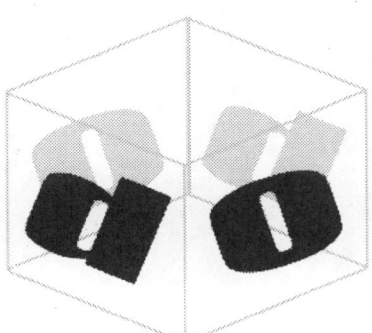

電気工学の知識ベース

http：//euclid.d-book.co.jp/

電気書院

目　次

1　三相回路の不平衡
1・1　三相回路の平衡，不平衡 …………………………………………………… 1
1・2　三相不平衡回路の計算 ……………………………………………………… 1

2　キルヒホッフの法則による 解法の例題　　3

3　正弦波電位の地形図法
3・1　地形図 ………………………………………………………………………… 8
3・2　多相交番起電力についての地形図 ………………………………………… 9
3・3　コイルの結線と電位地形図 ………………………………………………… 10
3・4　零電位 ………………………………………………………………………… 11
3・5　零電位の移動 ………………………………………………………………… 12

4　負荷共通点電位
4・1　共同帰線を有する場合の一般式 …………………………………………… 15
4・2　共同帰線を有しない場合の一般式 ………………………………………… 16
4・3　三相式への適用 ……………………………………………………………… 16
4・4　三相平衡負荷の場合 ………………………………………………………… 17

5　負荷共通点電位決定による 解法の例題　　21

6　残留電圧　　27

7　鳳・テブナンの定理による 地絡電流の計算
7・1　鳳・テブナンの定理と地絡電流 …………………………………………… 32
7・2　地絡電流の計算 ……………………………………………………………… 33
7・3　消弧リアクトルの原理 ……………………………………………………… 34

8 ベクトル図法による解法

- 8・1 ベクトル図を描いて直接計算する例題 ……………………………………… 39
- 8・2 非対称供給電圧の分解表示による方法 (1) ……………………………… 40
- 8・3 非対称供給電圧の分解表示による方法 (2) ……………………………… 42
- 8・4 誤接続と電圧ベクトル図解法の一例 ……………………………………… 43

9 相変成回路

- 9・1 単相→二相電流の変換 ……………………………………………………… 46
- 9・2 単相→三相電流の変換 ……………………………………………………… 47
- 9・3 単相→三相電圧の変換 ……………………………………………………… 48
- 9・4 三相電圧→二相電流の変換 ………………………………………………… 56
- 9・5 三相→二相電圧の変換 ……………………………………………………… 57
- 9・6 変圧器による 対称三相式 ⇄ 対称六相式の変成 …………………………… 59
- 問題の答 …………………………………………………………………………… 62

1　三相回路の不平衡

1・1　三相回路の平衡，不平衡

　不平衡，非対称ということについて，実際の送電線や配電線では，厳密な意味では3線の線間電圧，線路電流，線路定数，また発電機の定数や誘起起電力もまったく等しいとはいえない．しかし，故障・異常状態でない限りこれらの少々の不平衡は計算のはん雑さに比し，得られた結果の利用価値や設備の現実的運用にはあまり支障をきたさないので，切実な問題とならない．

　ただしこれも程度問題であって，故障時以外でも，通信線への誘導障害や継電器の誤動作など不平衡が問題となることも多い．つまり，線路・機器を通じて平衡状態に近付ける設計，運用が良策であり，そのような努力のもとに三相系の各施策がなされているというべきであろう．

不平衡　さて**不平衡**ということであるが，実際には各線間にかかる負荷の不規則なスタート・アップ，大きな単相負荷（たとえばアーク炉），1〜2線地絡，2線間短絡，1〜2線断線，接触器の不ぞろい動作などのように，三相を同時に考えた場合に，不定の定数？となることで，一般には故障のとき起こると考えてよいであろう．

　また不平衡は電源側の事情によっても起こることは，再三にわたり示してきたところである．電源自身の起電力の乱れ，回路定数の不平衡，負荷の不平衡など，付与条件自身が不平衡であり，それを規定するものが不平衡であり，その総合結果もまた不平衡であるというのが現実の状態なのである．

非対称　そこでいわゆる不平衡を二つに大別すれば，電源自身での不平衡，線路・負荷側での不平衡とに分けられるわけで，このテキストでは，前者に対しては**非対称**の字句を当てて区別してきたわけである．すると最悪時には非対称，不平衡の問題を扱わなければならないわけで，筆算によっては解を求めることが，時間的，労力的に困難となり，実用的な両，運用上の面で，（実用的な）解を得ることができない場合も多い．

1・2　三相不平衡回路の計算

　そこで当面の問題として，およその目安を得ることを目的とする場合には，「電源の起電力あるいは供給電圧は三相平衡である，つまり**対称三相交流**である」として

−1−

1 三相回路の不平衡

解を求めておくことが有効である．

この前提のもとに，当面の課題を解明する方法としては，

(a) キルヒホッフの法則による方法
(b) 鳳・テブナンの定理を用いる方法
(c) ベクトル図を労力的に作図し考察する方法
(d) 対称座標法による方法
(e) コンピュータによる方法

など，いくつかの方法があげられよう．

これらに対する特徴の一端とこのテキストでの扱いは，次のような立場に立っていることを，ここでお断りしておくことにする．

| キルヒホッフの法則 | (a) **キルヒホッフの法則**による方法 もっとも基本的な解法で，「交流回路網と三相回路」ですでに示したとおりで，適用例については，いくつかの例題を示すこととする． |

| 鳳・テブナンの定理 | (b) **鳳・テブナンの定理**を用いる方法 この定理については「交流回路網と三相回路」で示し，適用例についても示しておいたとおりである．とくに1線地絡時の接地電流を求めるのに便利であることを念頭においておこう． |

| ベクトル図法 | (c) **ベクトル図法**による方法 回路の電圧・電流の性格，状態がよく把握でき，真正面から取り組むとかなり面倒となるものを，視察的に解明することができる．とくに機器の巻線の誤接続の際の電圧や電流を理解するには便利で，また他の計算結果のチェックには，もってこいの方法である． |

| 対称座標法 | (d) **対称座標法**による方法 不平衡・非対称の場合に有用である． |

(e) コンピュータによる方法

パラメータが複雑多岐にわたり，解が即時に必要な場合，必要不可欠であろう．ただし，計算のプログラムはあらかじめ用意しておかなければならない．

2 キルヒホッフの法則による解法の例題*

〔例1〕 図2·1の回路のa，b，c端子に対称三相電圧V_{ab}，V_{bc}，V_{ca}，を加えた場合，各線の電流I_a，I_b，I_cを求めよ．

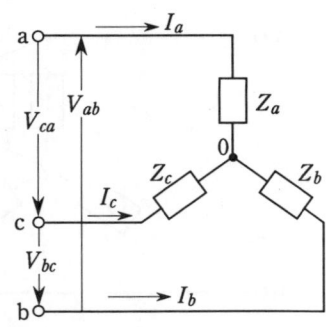

図2·1

キルヒホッフの法則

〔解説〕 図についてキルヒホッフの法則を適用すると，

$$I_a + I_b + I_c = 0 \tag{1}$$

$$Z_a I_a - Z_b I_b = V_{ab} \tag{2}$$

$$Z_b I_b - Z_c I_c = V_{bc} \tag{3}$$

$$Z_c I_c - Z_a I_a = V_{ca} \tag{4}$$

(1)式から $I_c = -(I_a + I_b)$

これを(4)式に代入すれば，

$$-(Z_a + Z_c)I_a - Z_c I_b = V_{ca} \tag{5}$$

(5)式×Z_b，(2)式×Z_cとしてI_aを求めると，

$$I_a = \frac{V_{ab}Z_c - V_{ca}Z_b}{Z_a Z_b + Z_b Z_c + Z_c Z_a} \tag{6}$$

同様にして

$$I_b = \frac{V_{bc}Z_a - V_{ab}Z_c}{Z_a Z_b + Z_b Z_c + Z_c Z_a} \tag{7}$$

$$I_c = \frac{V_{ca}Z_b - V_{bc}Z_a}{Z_a Z_b + Z_b Z_c + Z_c Z_a} \tag{8}$$

のように求められる．

注： 実際には，Z_a, Z_b, Z_cの実態が与えられ，さらにV_{ab}, V_{bc}, V_{ca}に対称三相電圧条件，$V_{ab}=V$, $V_{bc}=a^2 V$, $V_{ca}=aV$, $a^2=(-1-j\sqrt{3})/2$, $a=(-1+j\sqrt{3})/2$, $1+a+a^2=0$ を代入しなければならない．さらに絶対値を求めようとするとまた計算に

---

* 以下，ベクトルは文字の上にドット(˙)をつけて表示する．ただし，ベクトル量とスカラ量がはっきりしている場合には，ベクトル表示を省略する．

かなりの時間を要するであろう．平衡回路と不平衡回路でのこの大変な違いはどこに起因しているのであろうか．それは，各線の電流を定めるための各相の電圧，すなわち各インピーダンスに加わる電圧がわからないからといえるのであろう．つまり，共通点0の電位が定まらないからである．このため，各線，各点の電位を考慮するのに便利な方法，共通点電位を求めて解に導く方法なども考えられている．これらについては，すぐ後章で示すこととする．

〔例2〕　相等しい3個のアドミタンスYと，1個のインピーダンスZを図2・2のように接続した三相回路がある．a，b，c端子に対称三相電圧Vを加えたとき，Zに通ずる電流を求めよ．

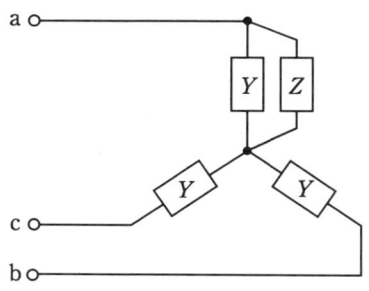

図2・2

キルヒホッフの法則

〔解〕　図にキルヒホッフの法則を適用すると，

$$I_a + I_b + I_c = 0$$

$$\left(\frac{\frac{Z}{Y}}{Z+\frac{1}{Y}}\right)I_a - \frac{1}{Y}I_b = V_{ab}$$

$$\frac{1}{Y}I_b - \frac{1}{Y}I_c = V_{bc}$$

これに　$V_{ab}=V,\ V_{bc}=a^2V,\ V_{ca}=aV$　なることを考慮して，I_aを求めると，

$$I_a = \frac{V\frac{1}{Y} - aV\frac{1}{Y}}{\frac{\frac{Z}{Y}}{Z+\frac{1}{Y}}\cdot\frac{1}{Y}+\frac{1}{Y}\cdot\frac{1}{Y}+\frac{\frac{Z}{Y}}{Z+\frac{1}{Y}}\cdot\frac{1}{Y}}$$

$$= \frac{(1-a)}{\frac{2Z}{1+ZY}+\frac{1}{Y}}V = \frac{\frac{3}{2}-j\frac{\sqrt{3}}{2}}{\frac{1+3ZY}{(1+ZY)Y}}V$$

したがってZに通ずる電流Iは，

$$I = \frac{\frac{1}{Y}}{Z+\frac{1}{Y}}I_a = \frac{1}{1+ZY}I_a = \frac{Y\left(\frac{3}{2}-j\frac{\sqrt{3}}{2}\right)}{1+3ZY}V$$

$$= \frac{\sqrt{3}\,Y}{1+3ZY}V$$

3端子回路網

〔例3〕　無誘導抵抗のみより成る**3端子回路網**がある．2端子間にて測った抵抗が

それぞれ r_1, r_2, r_3 であるという．この回路網に対称三相電圧 V を加えるとき各相の電流を求めよ．

〔略解〕 題意の3端子回路網はY接続に換算することによって，どんなに複雑であっても，3端子よりみて原回路と等価でもっとも簡単な回路として図2·3のようなY回路が想定されるであろう．

Y回路

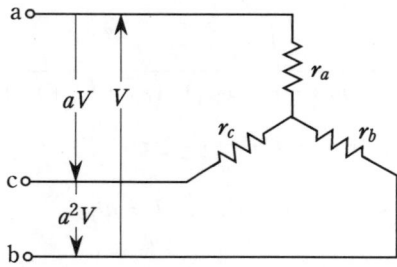

図2·3

すると各線の電流 I_a, I_b, I_c は〔例1〕で $Z_a = r_a$, $Z_b = r_b$, $Z_c = r_c$, $V_{ab} = V$, $V_{cb} = a^2 V$, $V_{ca} = aV$ さらに $a^2 = (-1-j\sqrt{3})/2$, $a = (-1+j\sqrt{3})/2$ とおいて，

$$I_a = \frac{Vr_c - \left(-\frac{1}{2} + j\frac{\sqrt{3}}{2}\right)Vr_b}{r_a r_b + r_b r_c + r_c r_a} = \frac{\left(r_c + \frac{1}{2}r_b\right) - j\frac{\sqrt{3}}{2}r_b}{r_a r_b + r_b r_c + r_c r_a}V$$

$$\therefore \ |I_a| = \frac{V}{r_a r_b + r_b r_c + r_c r_a}\sqrt{\left(r_c + \frac{1}{2}r_b\right)^2 + \left(\frac{\sqrt{3}}{2}r_b\right)^2}$$

$$= \frac{\sqrt{r_b^2 + r_c^2 + r_b r_c}}{r_a r_b + r_b r_c + r_c r_a}V$$

同様の計算過程により，

$$|I_b| = \frac{\sqrt{r_c^2 + r_a^2 + r_c r_a}}{r_a r_b + r_b r_c + r_c r_a}V$$

$$|I_c| = \frac{\sqrt{r_a^2 + r_b^2 + r_a r_b}}{r_a r_b + r_b r_c + r_c r_a}V$$

ところで題意の r_1, r_2, r_3 と r_a, r_b, r_c の関係は2端子でのそれぞれの抵抗値を等値することにより，

$$\left.\begin{array}{l} r_1 = r_a + r_b \\ r_2 = r_b + r_c \\ r_3 = r_c + r_a \end{array}\right\}$$

これを解いて，

$$\left.\begin{array}{l} r_a = \dfrac{r_1 + r_3 - r_2}{2} \\ r_b = \dfrac{r_1 + r_2 - r_3}{2} \\ r_c = \dfrac{r_2 + r_3 - r_1}{2} \end{array}\right\}$$

これらを $|I_a|$, $|I_b|$, $|I_c|$ の各式に代入すれば，

$$|I_a| = \frac{2\sqrt{3r_2^2 + (r_1-r_3)^2}}{2(r_1r_2+r_2r_3+r_3r_1)-(r_1^2+r_2^2+r_3^2)}V$$

$$|I_b| = \frac{2\sqrt{3r_1^2 + (r_3-r_2)^2}}{2(r_1r_2+r_2r_3+r_3r_1)-(r_1^2+r_2^2+r_3^2)}V$$

$$|I_c| = \frac{2\sqrt{3r_3^2 + (r_2-r_1)^2}}{2(r_1r_2+r_2r_3+r_3r_1)-(r_1^2+r_2^2+r_3^2)}V$$

注：試みに $r_1=r_2=r_3=r$ とおけば，

$$I_a = \frac{V}{\sqrt{3}\,r}, \quad I_b = a^2 I_a, \quad I_c = a I_a$$

かつ $|I_a|=|I_b|=|I_c|$

〔例4〕 抵抗 $R=6$〔Ω〕のみの△接続の 20〔kW〕の平衡負荷がある．いま線路の1線にリアクトルXを設けて，ある時間だけ，負荷を15〔kW〕に減少したい．リアクトルのリアクタンスはいくらとすべきか．ただし対称三相電圧 $V=200$〔V〕が印加されるものとする．

〔解説〕 1線路にリアクトルXを設けたとき図2・4のようになったとしよう．図示のようにリアクトルのリアクタンスを $X=nR$，また，各部の電圧・電流を図示のよう

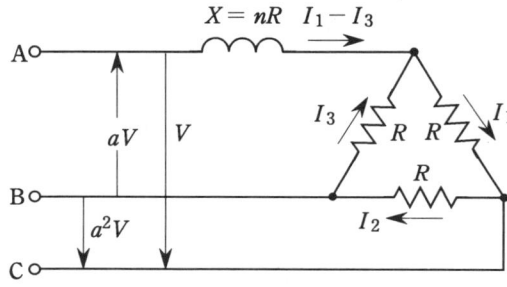

図2・4

にすると，つぎの3式が得られる．

$$V = jnR(I_1-I_3) + RI_1$$
$$a^2 V = RI_2$$
$$aV = RI_3 - jnR(I_1-I_3)$$

これからI_2は不変であることがすぐわかる．すると，

$$I_1(1+jn) - jn I_3 = V/R$$
$$-jn I_1 + I_3(1+jn) = aV/R$$

これを解いて，

$$I_1 = \frac{1+jn+ajn}{(1+jn)^2-(jn)^2}\cdot\frac{V}{R} = \frac{1-\sqrt{3}\,n/2 + jn/2}{1+j2n}\cdot\frac{V}{R}$$

$$I_3 = \frac{jn+a(1+jn)}{1+j2n}\cdot\frac{V}{R}$$

$$= \frac{-(1+\sqrt{3}\,n)/2 + j(\sqrt{3}+n)/2}{1+j2n}\cdot\frac{V}{R}$$

これから

$$|I_1|^2 = \frac{(1-\sqrt{3}\,n/2)^2 + (n/2)^2}{1+(2n)^2} \cdot \frac{V^2}{R^2}$$

$$= \frac{1-\sqrt{3}\,n+n^2}{1+4n^2} \cdot \frac{V^2}{R^2}$$

$$|I_3|^2 = \frac{(1+\sqrt{3}\,n)^2/4 + (\sqrt{3}+n)^2/4}{1+(2n)^2} \cdot \frac{V^2}{R^2}$$

$$= \frac{1+\sqrt{3}\,n+n^2}{1+4n^2} \cdot \frac{V^2}{R^2}$$

ところで I_2 が通ずる負荷に変化はないから，他相が $15-(20/3)=25/3$ 〔kW〕になればよいわけである．

$$|I_1|^2 R + |I_3|^2 R = \frac{25}{3} \times 10^3 = 20 \times 10^3 \times \frac{25/3}{20}$$

$$= 3\frac{V^2}{R} \times \frac{25}{20\times 3} = R\frac{V^2}{R^2} \times \frac{25}{20}$$

$$\therefore \quad \frac{1-\sqrt{3}\,n+n^2}{1+4n^2} + \frac{1+\sqrt{3}\,n+n^2}{1+4n^2} = \frac{5}{4}$$

$$8 \times 8n^2 = 5 + 20n^2 \qquad \therefore \quad n = 1/2$$

すなわち，リアクトル X としては $6/2=3$ 〔Ω〕のものを設ければよいことがわかる．

念のために $|I_1|$，$|I_3|$ の係数を計算すると，

$$|I_1| \cdots\cdots \frac{1-\sqrt{3}\,n+n^2}{1+4n^2} = \frac{1-1.73/2+0.25}{1+4\times 1/4} = 0.19$$

$$|I_3| \cdots\cdots \frac{1+\sqrt{3}\,n+n^2}{1+4n^2} = \frac{1.25+0.87}{2} = 1.06$$

$$1 + 0.19 + 1.06 = 2.25 = 3 \times (15/20)$$

となって，つじつまは合うことになる．

しかし，I_1 相は減少ではなく6％の増加となるのに対し，I_3 相は19％に減少してしまい，三相全負荷に対して81％の減少となって，はなはだしい不平衡となるわけである．

注： これまでの例題で不平衡問題がいかに大変な労力を要するかがわかっていただけたと思う．この労力から，比較的簡単に解放されるためには，〔例1〕の注で示したように，各相の電圧，各相インピーダンスに加わる電圧を知ればよいわけで，このための有効な手法を正弦波のベクトル表示などを復習しながら次章以下で示してみることにする．また，相回転方向は不平衡問題では必ず，断わるべきである．

3 正弦波電位の地形図法

多線式回路，不平衡三相回路などでは各点の電位，各点間の電位差を知ることが解決の糸口となることが多いが，これらは**地形図**により明瞭に知ることができるので，以下これらについて概要を示すこととする．

3·1 地形図

ある一点，たとえばA点の交番電位がtなる瞬時に

$$v_a = V_{am} \sin(\omega t + \theta_a)$$

実効値　$V_a = V_{am}/\sqrt{2}$

であるとしよう．するとこの電位の実効値，初位相を示すベクトルは，たとえば図3·1のようにある一点O点をとって，これが零電位を代表するものとし，OX直線を基準線にとり，これとθ_aだけ偏角する直線上に，O点よりV_aに等しい距離のa点を定めればa点の電位V_aを示すベクトルは$\overrightarrow{Oa}$となる．

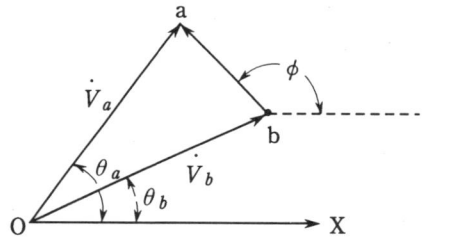

図3·1

同様に他の一点bが同時刻において，

$$v_b = V_{bm} \sin(\omega t + \theta_b)$$

実効値　$V_b = V_{bm}/\sqrt{2}$

で示される交番電位であるとすれば，この電位の実効値，初位相を示すベクトルは図3·1のような$\overrightarrow{Ob}$であって$\overrightarrow{Ob} = V_b$しかも基準線$\overline{OX}$と$\theta_b$の角度をなしている．

つぎにa，b両点間の電位差，すなわち電圧v_{ab}について考えれば*

---

* 少し復習してみると，a，b 2点間の電位差v_{ab}について考えるとき，a点の電位v_a，b点の電位v_bとするとき，

$$v_{ab} = v_a - v_b = -(v_b - v_a) = -v_{ba}$$

ある瞬時においてa点がb点より高電圧ならば$(v_a - v_b)$は(＋)，v_{ab}は(＋)，v_{ba}は(－)であり，b点がa点より高電位ならばv_{ab}は(－)である．

$$v_{ab} = v_a - v_b = V_{am}\sin(\omega t + \theta_a) - V_{bm}\sin(\omega t + \theta_b)$$
$$= (V_{am}\cos\theta_a - V_{bm}\cos\theta_b)\sin\omega t + (V_{am}\sin\theta_a - V_{bm}\sin\theta_b)\cos\omega t$$
$$= \sqrt{V_{am}{}^2 + V_{bm}{}^2 - 2V_{am}V_{bm}\cos(\theta_a - \theta_b)}\sin(\omega t + \phi)$$

ただし,
$$\phi = \tan^{-1}\frac{V_{am}\sin\theta_a - V_{bm}\sin\theta_b}{V_{am}\cos\theta_a - V_{bm}\cos\theta_b}$$

さて図において,a,bを結んで得たベクトル $\overleftarrow{ab}$ すなわち $\dot{V}_{ab} = (\dot{V}_a - \dot{V}_b)$ は $\overline{OX}$ 基準線と ϕ なる角をなし,ベクトルの長さは $\sqrt{V_a{}^2 + V_b{}^2 - 2V_aV_b\cos(\theta_a - \theta_b)}$ で示すことができる.

なお,この逆についても成り立ち,b点とa点との電位差とa点の電位がベクトル $\dot{V}_{ba}$, $\dot{V}_a$ と既知であるときb点の電位はベクトル $\dot{V}_a$ とベクトル $\dot{V}_{ba}$ との合成ベクトルとなるわけである.

以上の関係はもちろんa,b2点のみに限ることなく,a,b,c,……など各点の関係についても適用される.もしa,b,c,……など各点の電位の値および位相関係を知る必要がなく,単にこれら各点相互間の電位差,すなわち電圧ならびに相差のみを表わすことで十分であるとする場合には,零電位Oおよび基準線OXを必要とせず,単にa,b,c……など各点の相対的位置を示されれば十分である.

正弦波電位の地形図
トポグラフ

このように正弦波電位および電位差の関係を点で示した図形を正弦波電位の地形図(トポグラフ)といっている.図3・1のO,a,bなる点は電位,電位差を表わす地形図である.$\dot{V}_{a0}$ はベクトル $\overleftarrow{aO}$ により,$\dot{V}_{b0}$ はベクトル $\overleftarrow{bO}$ により,$\dot{V}_{ab}$ はベクトル $\overleftarrow{ab}$ により表わされる.

3・2 多相交番起電力についての地形図

多相交番起電力

交流発電機の各コイルが,位相を異にする同一周波数の正弦波交番起電力を誘起する場合を考えよう.まず図3・2のA,B,C,……なるコイルがそれぞれ

$$e_A = E_{Am}\sin(\omega t + \theta_A), \quad 実効値 \quad E_A = E_{Am}/\sqrt{2}$$
$$e_B = E_{Bm}\sin(\omega t + \theta_B), \quad 実効値 \quad E_B = E_{Bm}/\sqrt{2}$$
$$e_C = E_{Cm}\sin(\omega t + \theta_C), \quad 実効値 \quad E_C = E_{Cm}/\sqrt{2}$$

なる起電力を誘起するものとしよう.

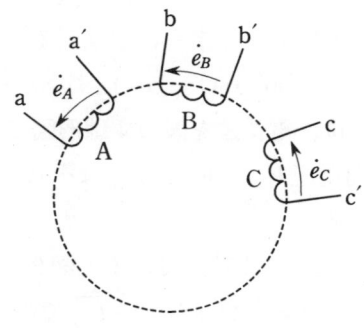

図3・2

さて，これら各コイルのa′, b′, c′……点の電位がそれぞれ図3·3(a)のa′, b′, c′点であるとする．このときそれぞれのコイル端a, b, c……の電位について考えると，前項に準ずれば $\overleftarrow{aa'}, \overleftarrow{bb'}, \overleftarrow{cc'}$……なるベクトルをもって E_A, E_B, E_C……なる電位差を示すものとして（この場合O点を零電位点，OXを基準線とすれば $\theta_A, \theta_B, \theta_C$……などの角は図示のとおりである），a, b, c, ……点でA相, B相, C相, ……などのa端子, b端子, c端子……の電位を代表させることができるわけである．

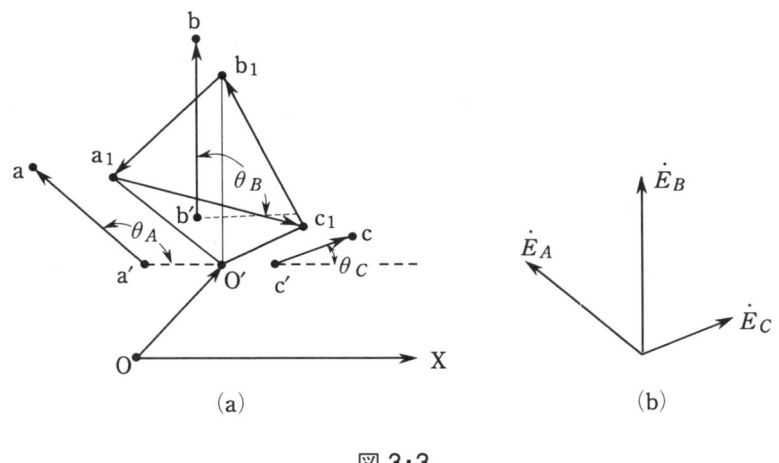

図3·3

電位差
相差

しかしコイル各点の電位ならびに位相関係を表わす必要がなく，これらの**電位差**（起電力）ならびに**相差**のみの関係を表わして十分なときは，O点ならびに基準線OXを必要とせず図3·3(b)のようなベクトル図で示すのみでよいわけである．多相回路で各コイルの起電力，各点間の電圧を一般に図3·3(b)のようなベクトル図で示すのはこのためである．

3·3　コイルの結線と電位地形図

図3·2のように各コイルがまったく独立しているものであれば，各コイル間にはなんら電気的接続関係がないから，各コイル相互端子間の電圧はいくらかというようなことは意味がない．

星形結線

ところがコイルを結線して，いくらかということを考えることは大きな意義が生ずる．たとえばa′, b′, c′……などを共通に結線して，**星形結線**の場合について考えると共通点O′は等電位であるから，その電位が $\overrightarrow{OO'}$ ベクトルのO′端子で代表させるものとすれば，各相のコイル端a, b, c……などの電位は図3·3(a)について a_1, b_1, c_1……点の位置によって完全に示されることになる．（ベクトルの平行移動により，$\overleftarrow{a_1O'} = \overleftarrow{aa'}, \overleftarrow{b_1O'} = \overleftarrow{bb'}, \overleftarrow{c_1O'} = \overleftarrow{cc'}$）すなわち，図3·3(a)の a_1, b_1, c_1, O′, Oなどの諸点は，**電位，電位差を表わす地形図**である．

電位地形図

したがって線間電圧 V_{ab}, V_{bc}, V_{ca} はそれぞれベクトル $\overleftarrow{a_1b_1}, \overleftarrow{b_1c_1}, \overleftarrow{c_1a_1}$……などで示されるわけである．

環状結線

つぎに**環状結線**について考えてみると図3·2のab′, bc′, cd′……などを順次結線したものとし，a点の電位がベクトル $\overrightarrow{Oa}$ であってa点をもって代表させるものとす

れば，a点の電位すなわちb'点の電位，b点の電位すなわちc'点の電位，c点の電位すなわちd'点の電位……などはそれぞれ図3・4のa，b，c……点などにより示されることは明らかである．

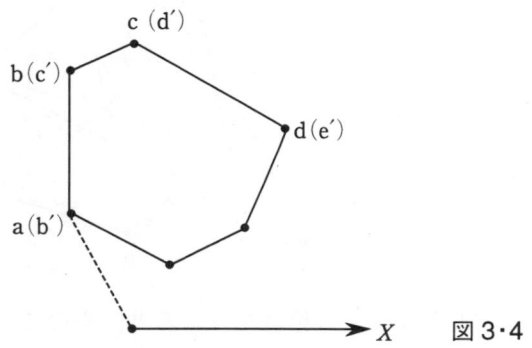

図3・4

電位地形図　このように順次，定めた結合点の電位地形図が完結多角形となることは，つぎのような重要な意味を有することなのである．すなわち起電力のベクトル図形が完結多角形となるということは，つまり無負荷条件のもとでは結合点電位地形図の各辺は起電力に一致し，**循環電流**　**循環電流**が流れないことを示しているのである．

また，起電力のベクトル図形が完結していない場合は，循環電流のため電圧降下を生じ，これをふくめて完結多角形となるものである．

さて，以上のように表わされた地形図ではベクトル図形上の各点はそのベクトルに該当する相に対して，各点の電位を代表することはもちろんである．

3・4　零電位

零電位　図3・5(a)が単相交流発電機の電機子を代表するものとし，その中央点Oより左右の両半部が静電的にもすべてが対称であるとすれば，**零電位**は中央のO点にある．

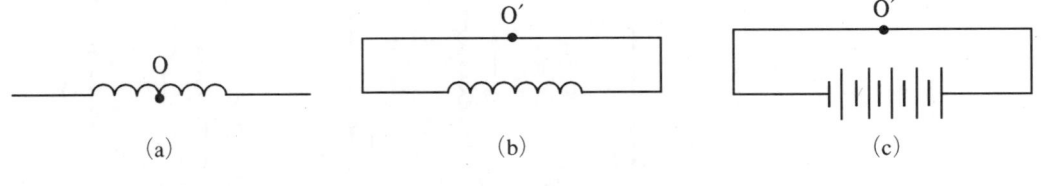

図3・5

つぎに図(b)のように，導線で回路を結び，その導線の中央点O'から見て左右両半部が静電的にもすべて対称とするときは，すべての瞬時に零電位はOおよびO'にあることは図(c)を考えるまでもあるまい．

発電機をはじめとして線路および負荷などすべてが動電的にも静電的にも各相対称ならば，発電機各コイル集団に対し，各端子の電位が時位相を異にするだけであって同一の最大値（したがって実効値）を有し，各端子の電位が零電位に対し対称である．

星形結線　このような場合，**星形結線**では，零電位は偏在せずO点の位置は図3・6のような

正多角形の中心点となる．なぜならば正多角形において $\overline{Oa} = \overline{Ob} = \overline{Oc} = \overline{Od} = \overline{Oe} = \overline{Of}$ のような条件を与える点はその中心点はただ一つに限られるからである．

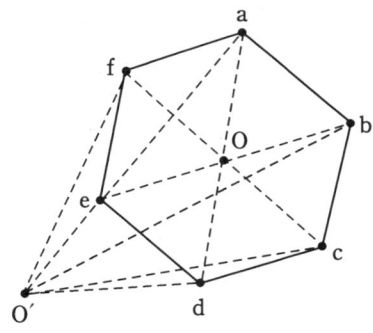

図 3·6

中性点 このように完全対称性を与える共通点のことを**中性点**というが，この共通点が偏在しないで，他の諸点がまったく中性点に対し対称である電位にある場合には，この諸点電位の地形図は，中性点電位を示す点を中心とする正多角形の頂点により定められる．たとえば対称多相式では二重三角形結線，対角線結線による六相式はこの適例である．

3·5 零電位の移動

起電力 図3·7(a)において，ABコイルに**起電力**を誘起するものとし，この起電力のベクトル図が(ロ)図 $\overleftarrow{ab}$ で表わされるとしよう．いま一端Bを接地し*，他端を開放しておくとすると，B点は零電位となり，A点の電位は $\dot{V}_{a0}$ で $\overleftarrow{aO}$ ベクトルとなる．

つぎに図(b)のように，Bを開放しAを接地しコイルは図(a)とまったく同一の交番起電力を誘起するものと考えれば，B点の電位は $\dot{V}_{b0}$ であって，$\overleftarrow{bO}$ ベクトルとなる．

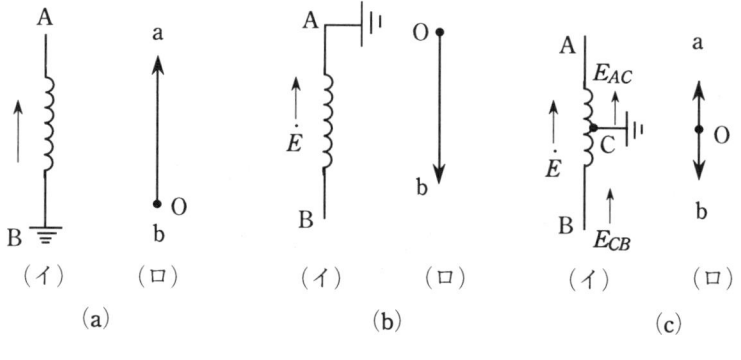

図 3·7

さて，コイルの任意の一点Cを接地した場合には，AC間コイルが E_{AC} 起電力を，

---

* 回路で，とくに多相系で電圧，電位などを問題にするときは，その基準が必要である．3·1などで一点Oをとって，これが零電位を代表するものとして表現したのはこのためであるが，普通この基準としては大地がとられ零電位と考えている．電源の共通点を接地するのは，この基準を与えるためのものである．

3·5 零電位の移動

CB間コイルが E_{CB} 起電力を誘起しており，その共通点であるC点を接地するものと考えれば，図(c)(ロ)図のようなベクトル図になることは明らかである．すなわちa, b, O点は，A, B, C点の電位を示す地形図であって**零電位はO点**であるが，もはや完全対称性を与える点ではないことに注意すべきである．

つぎに他の例として**図3·8の星形結線の多相電源**を考えてみよう．各相コイルは

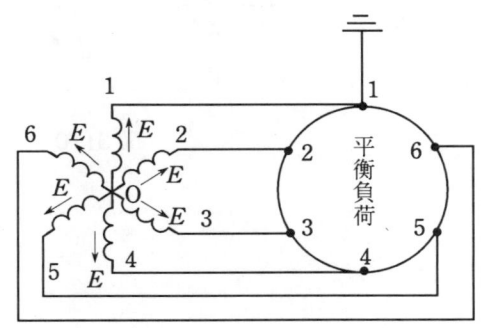

図3·8

対称起電力を誘起し，零電位は偏在していないものとし，これに対称負荷を結線した場合の零電位の位置について考えてみよう．**負荷が星形結線**である場合には，電源の共通点ならびに負荷共通点はともに零電位であって零電位の位置が負荷または電源の中性点にある．**負荷が環状結線**の場合は，零電位が電源の中性点にあることはもちろんである．

この場合たとえば負荷端子1を接地したとすれば，0, 1, 2, 3, 4, 5, 6各点の電

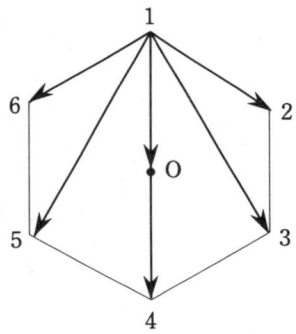

図3·9

位を代表する地形図は**図3·9**により示され，零電位は1に移動し，したがって，2, 3, 4, 5, 6各点の電位はベクトル $\overleftarrow{12}$, $\overleftarrow{13}$, $\overleftarrow{14}$, $\overleftarrow{15}$, $\overleftarrow{16}$ で表わされ，共通点Oの電位は $\overrightarrow{10}$ ベクトルとなるわけである．

しかし各点相互間電位差については変化はないわけである．

注：**地形図形とベクトル図形**：いままでの例ではベクトル図形は電位地形図を与えるような例ばかりであったが，ここでベクトル図形は必ずしも**電位地形図を示さない**ことにとくに注意しておきたい．たとえば対称三相交番起電力を誘起する電機子が図3·10 (a)のYに接続される場合と，図(b)のように△接続される場合につき考えると，ベクトル図形はおのおのに対し図(c)，図(d)のいずれにも表現できる．つぎに，電位地形図としてY接続に対して図(c)のa, b, c, O点をもって，△接続に対しては，図(d)のa, b, cで示される．したがって任意の1相中の一点，たとえばdの電位地形図は，Y接続に対して図(c)のd点で表わされ，△接続に対しては図(d)のd点で表わされる．ところがY接続の場合においては図(d)のd点で，△接続の場合に図(c)のd点をもって電位地形図を示し得ないことは明らかである．

3 正弦波電位の地形図法

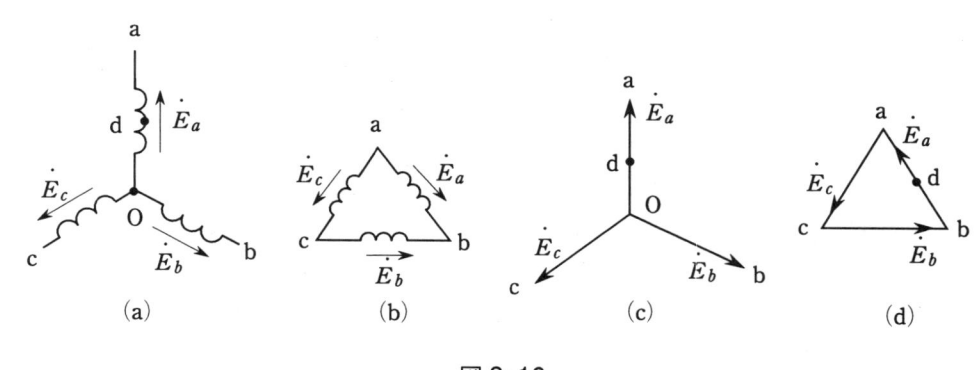

図 3·10

4 負荷共通点電位

4·1 共同帰線を有する場合の一般式

電位差

　図4·1のように星形接続のn相式電源に星形結線の負荷が接続されているものとしよう．このとき電源共通点Oに対する負荷共通点O′の**電位差**$V_{O'O}$は次式で示される．

$$V_{O'O} = \frac{V_{10}Y_1 + V_{20}Y_2 + \cdots\cdots + V_{n0}Y_n}{Y_1 + Y_2 + \cdots\cdots + Y_n + Y_0} \tag{4·1}$$

ただしV_{10}, V_{20}, $\cdots\cdots V_{n0}$はそれぞれ1, 2, 3, $\cdots\cdots n$の端子の電源共通点Oに対する電位差，Y_1, Y_2, $\cdots\cdots Y_n$, Y_0はそれぞれn相負荷の各相アドミタンスならびに共同帰線のアドミタンスである．

ミルマンの定理　**ミルマンの定理**の応用であることは，明らかであろう．

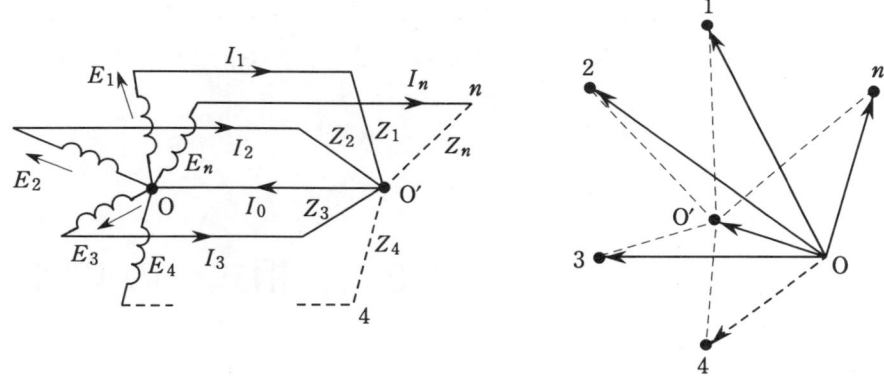

図4·1　電位地形図

キルヒホッフ
第二法則

〔証明〕　各相回路網に**キルヒホッフ第二法則**を適用し，

$Z_1 I_1 + V_{O'O} = V_{10}$　すなわち　$I_1 = Y_1(V_{10} - V_{O'O})$

$Z_2 I_2 + V_{O'O} = V_{20}$,　　　　　　$I_2 = Y_2(V_{20} - V_{O'O})$

$Z_n I_n + V_{O'O} = V_{n0}$,　　　　　　$I_n = Y_n(V_{n0} - V_{O'O})$

$Z_0 I_0 = V_{O'O}$,　　　　　　　　　$-I_0 = -Y_0 V_{O'O}$

$\therefore\ I_1 + I_2 + I_3 + \cdots\cdots + I_n - I_0 = Y_1 \cdot V_{10} + Y_2 \cdot V_{20} + \cdots\cdots$

$\cdots\cdots + Y_n \cdot V_{n0} - (Y_1 + Y_2 + \cdots\cdots + Y_n + Y_0)V_{O'O}$

キルヒホッフ
第一法則

キルヒホッフ第一法則により　$I_1 + I_2 + \cdots\cdots + I_n + I_0 = 0$

$$\therefore\ V_{O'O} = \frac{V_1 Y_{10} + Y_2 V_{20} + \cdots\cdots + Y_n V_{n0}}{Y_1 + Y_2 + \cdots\cdots + Y_n + Y_0} \tag{4·1}$$

4·2　共同帰線を有しない場合の一般式

図4·2の場合で (4·1) 式において $Y_0 = 0$ とおけばよく，

$$V_{O'O} = \frac{\sum_{m=1}^{n} Y_m V_{m0}}{\sum_{m=1}^{n} Y_m} \qquad (4·2)$$

(4·2) 式は n 相 n 線式に適用される一般式である．そしてこの場合は電源の結線にはかかわらず O 点は任意に選んだ点の電位地形図を示すものとして用いることができる．証明は共同帰線のない場合に対して電源結線は任意とし，O 点を任意に選び，

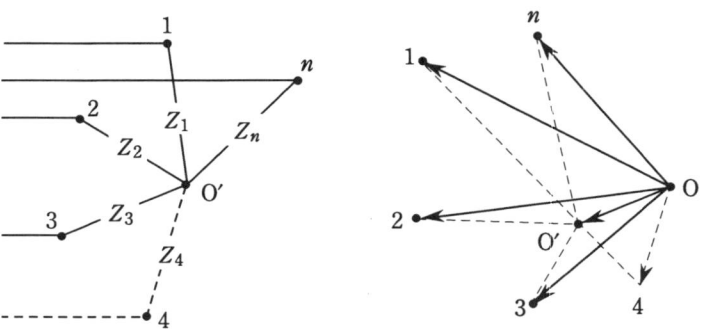

図4·2

この点に対する負荷共通点 O の電位差を $V_{O'O}$ とし，この条件に基づき (4·1) 式の証明を用いれば容易に理解されよう．なお，このときつぎの条件がある．

$$Y_0 = 0, \quad I_0 = 0, \quad \sum_{m=1}^{n} I_m = 0$$

4·3　三相式への適用

三相4線式 | 三相4線式の場合（図4·3）

$$V_{O'O} = \frac{Y_a V_{a0} + Y_b V_{b0} + Y_c V_{c0}}{Y_a + Y_b + Y_c + Y_0} \qquad (4·1)'$$

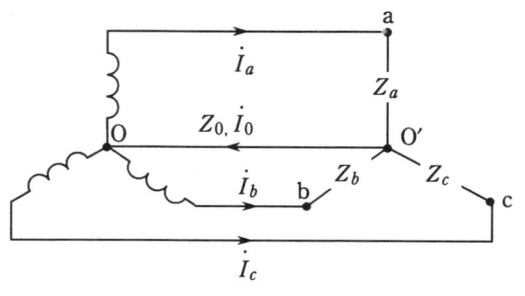

図4·3

三相3線式の場合（図4・4）

(4・2)式から任意の点とO'点（負荷共通点）の電位差$V_{O'O}$は，

$$V_{O'O} = \frac{Y_a V_{a0} + Y_b V_{b0} + Y_c V_{c0}}{Y_a + Y_b + Y_c}$$

$$= \frac{Z_b Z_c V_{a0} + Z_c Z_a V_{b0} + Z_a Z_b V_{c0}}{Z_b Z_c + Z_c Z_a + Z_a Z_b} \tag{4・2}'$$

さてa，b，c，O'点の電位地形図は図4・3，図4・4に示すものとしよう．(4・2)式に対しOなる地形図点は任意に選び得るからこれを適当に選定することにより算式を単純化し，簡単に電流を算定し得る場合が多い．

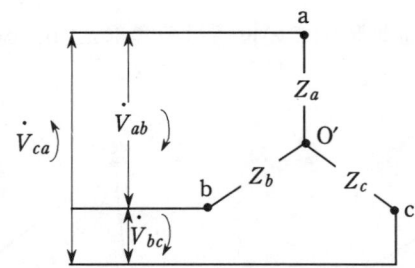 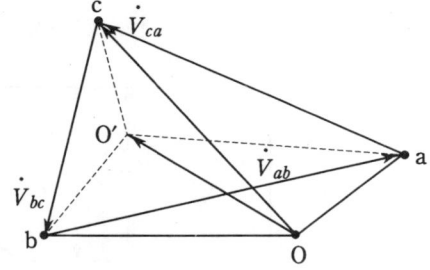

図4・4

たとえば図4・4の電流を算定しようとするとき，(4・2)'式あるいは(4・2)式中のO点に相当する点を**負荷端子点**（たとえばa点）に選ぶものとすれば，

$$V_{O'a} = \frac{Z_b Z_c V_{aa} + Z_c Z_a V_{ba} + Z_a Z_b V_{ca}}{Z_b Z_c + Z_c Z_a + Z_a Z_b}$$

$$= \frac{Z_c Z_a V_{ba} + Z_a Z_b V_{ca}}{Z_b Z_c + Z_c Z_a + Z_a Z_b} \tag{4・3}$$

$$\therefore \quad I_a = \frac{V_{aO'}}{Z_a} = \frac{Z_c V_{ab} - Z_b V_{ca}}{Z_b Z_c + Z_c Z_a + Z_a Z_b}$$

同様にして

$$I_b = \frac{V_{bO'}}{Z_b} = \frac{Z_a V_{bc} - Z_c V_{ab}}{Z_b Z_c + Z_c Z_a + Z_a Z_b}$$

$$I_c = \frac{V_{cO'}}{Z_c} = \frac{Z_b V_{ca} - Z_a V_{bc}}{Z_b Z_c + Z_c Z_a + Z_a Z_b}$$

によりV_{ab}，V_{bc}，V_{ca}が与えられれば容易に**線路電流**の算出を可能にするわけである．

4・4　三相平衡負荷の場合

負荷端子電圧が対称，非対称を問わず**平衡負荷共通点**の電位地形図での位置は端子地形図三角形（電圧三角形）の重心であること，さらにまた，線路電流を容易に

算出し得ることはつぎのとおりである．

一般式(**4・2**)'式においてO点を各端子点a, b, cに選ぶものとすれば，

$$V_{O'a} = \frac{Z^2 V_{ba} + Z^2 V_{ca}}{3Z^2} = \frac{V_{ba} + V_{ca}}{3} = \frac{-V_{ab} + V_{ca}}{3}$$

$$V_{O'b} = \frac{Z^2 V_{ab} + Z^2 V_{cb}}{3Z^2} = \frac{-V_{bc} + V_{ab}}{3}$$

$$V_{O'c} = \frac{Z^2 V_{ac} + Z^2 V_{bc}}{3Z^2} = \frac{-V_{ca} + V_{bc}}{3}$$

よって図**4・5**に示す図形によりd点はbcの中点であって，$O'a = \frac{2}{3}\overline{da}$ であることを知る．したがって共通点の電位地形図での位置は三角形a, b, cの重心にあるこ

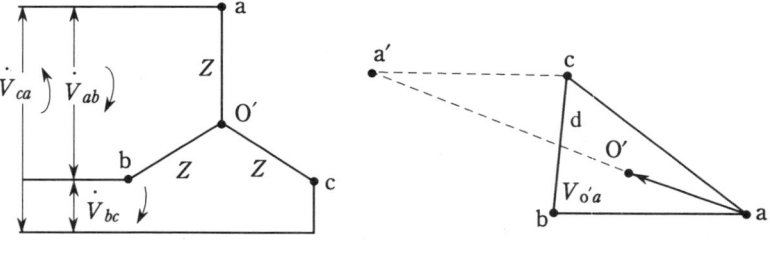

$$V_{ca} - V_{ab} = \overleftarrow{a'a} \quad \therefore \quad V_{O'a} = \frac{\overline{a'a}}{3} = \frac{2\overline{da}}{3}$$

図 **4・5**

線路電流 | とがわかるわけである．平衡負荷の場合には**線路電流**は容易にこれを算出することができる．すなわちつぎのようである．

$$I_a = \frac{V_{aO'}}{Z_a} = \frac{V_{ab} - V_{ca}}{3Z_a}$$

$$I_b = \frac{V_{bO'}}{Z_a} = \frac{V_{bc} - V_{ab}}{3Z_b}$$

$$I_c = \frac{V_{cO'}}{Z_c} = \frac{V_{ca} - V_{bc}}{3Z_c}$$

注： (**4・2**)'式においてO点を端子電位地形図の重心に選べば，

$$V_{O'O} = \frac{Z^2 V_{aO} + Z^2 V_{bO} + Z^2 V_{cO}}{3Z^2}$$

$$= \frac{1}{3}(V_{aO} + V_{bO} + V_{cO}) = 0$$

となるから，O'がOに一致し三角形の重心であることがわかる．

〔例5〕 図**4・6**のように線間電圧V_1, V_2, V_3なる非対称三相電源に，相等しい3個の抵抗rを星状に結線したとき，共通点nの電位はV_1, V_2, V_3を三辺とする三角形の重心にあることを証明せよ．

4・4 三相平衡負荷の場合

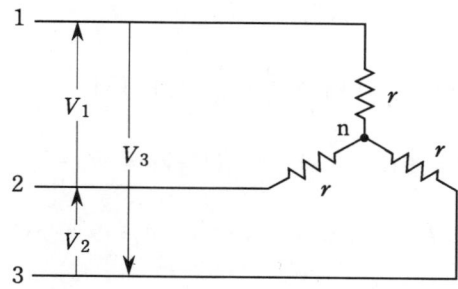

図4・6

〔解説〕 定理の証明問題であって，方針として共通点nの電位を仮定し，各線に通ずる電流を求め，電流の和が零なることを条件として，始めに仮定した共通点nの電位を，与えられた線間電圧ベクトル三角形の重心として求めればよいわけである．

図4・6のように各相の星形電圧を V_{1n}, V_{2n}, V_{3n} とすれば，図4・8のベクトル図より，

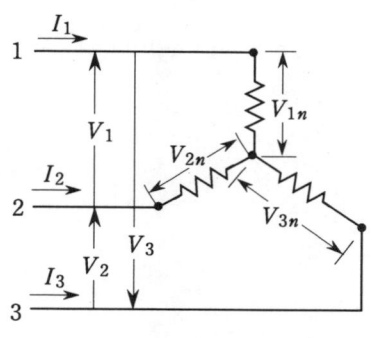

図4・7

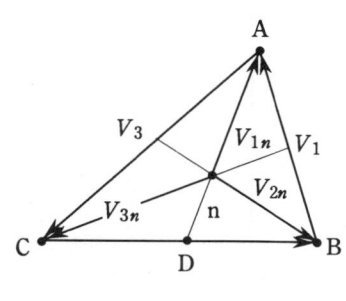

図4・8

$$\left.\begin{array}{l}V_1 = V_{1n} - V_{2n} \\ V_2 = V_{2n} - V_{3n} \\ V_3 = V_{3n} - V_{1n}\end{array}\right\}$$

$$\therefore \quad V_{2n} = V_{1n} - V_1$$

ところで各線に通ずる電流 I_1, I_2, I_3 は，

$$I_1 = \frac{V_{1n}}{r}, \quad I_2 = \frac{V_{2n}}{r}, \quad I_3 = \frac{V_{3n}}{r}$$

キルヒホッフの第一法則から，

$$I_1 + I_2 + I_3 = 0$$

$$\frac{1}{r}(V_{1n} + V_{2n} + V_{3n}) = 0$$

$$\therefore \quad I_{1n} + I_{2n} + I_{3n} = 0$$

これらのことを考慮すれば，V_{2n}, V_{3n} の式は，

$$V_{1n} + V_{1n} - V_1 + V_{1n} + V_3 = 0$$

$$3V_{1n} = V_1 - V_3$$

$$\therefore \quad V_{1n} = \frac{V_1 - V_3}{3}$$

ところで三角形の重心nは，図4・8で三角形ABCの頂点Aとその対辺 V_2 の中心Dとを結ぶ直線ADの上から2/3の点になければならない．

4 負荷共通点電位

このことを式で示せば，

$$\overline{AO} = \left(\frac{V_2}{2} + V_1\right) \times \frac{2}{3} = \frac{1}{3}(V_2 + 2V_1)$$

$$= \frac{1}{3}(V_1 - V_3) \qquad (\because\ V_2 = -V_3 - V_1)$$

すなわち $\overline{AO}$ は V_{1n} と等しくなり，n点は重心Oと一致する．

5 負荷共通点電位決定による解法の例題

　前章で示した負荷共通点電位決定による解法はキルヒホッフの法則から導かれたわけであるが，応用範囲はかなり広いので，本章とつぎの残留電圧の章でいくつかの例題を示すこととする．

　〔例6〕　発電機および負荷ともにY接続した図5・1(a)のような三相回路がある．発電機の各相星形電圧はE_1，E_2およびE_3で，発電機，線路および負荷を合せた各相のインピーダンスはそれぞれZ_1，Z_2，Z_3である．各相の電流I_1，I_2およびI_3を求めよ．

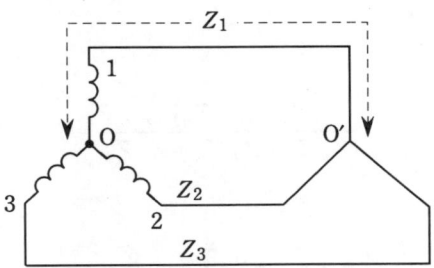

図5・1(a)

〔略解〕　無負荷では，発電機各相端子および**共通点電位地形図**は図5・1(b)の1，2，3，O点のように得られる．ただし$\overleftarrow{1O}=E_1$，$\overleftarrow{2O}=E_2$，$\overleftarrow{3O}=E_3$である．

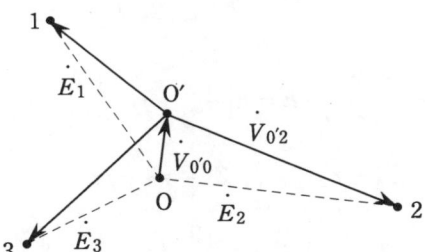

図5・1(b) 電位地形図

これに負荷すれば1相の電圧降下は$\overleftarrow{1O'}=E_1-V_{0'0}$と書けるから，

$$I_1 = \frac{E_1 - V_{0'0}}{Z_1}$$

$$= \frac{1}{Z_1}\left(E_1 - \frac{Z_2 Z_3 E_1 + Z_3 Z_1 E_2 + Z_1 Z_2 E_3}{Z_2 Z_3 + Z_3 Z_1 + Z_1 Z_2}\right)$$

$$= \frac{(Z_2+Z_3)E_1 - Z_3 E_2 - Z_2 E_3}{Z_2 Z_3 + Z_3 Z_1 + Z_1 Z_2}$$

$$I_2 = \frac{E_2 - V_{0'0}}{Z_2} = \frac{-Z_3 E_1 + (Z_1+Z_3)E_2 + Z_1 E_3}{Z_2 Z_3 + Z_3 Z_1 + Z_1 Z_2}$$

$$I_3 = \frac{E_3 - V_{0'0}}{Z_3} = \frac{-Z_2 E_1 - Z_1 E_2 + (Z_1+Z_2)E_3}{Z_2 Z_3 + Z_3 Z_1 + Z_1 Z_2}$$

5 負荷共通点電位決定による解法の例題

〔例7〕 図5・2(a)に示す回路で、端子a, b, cに平衡三相電圧を加えるとき各線に通ずる電流を求めよ．

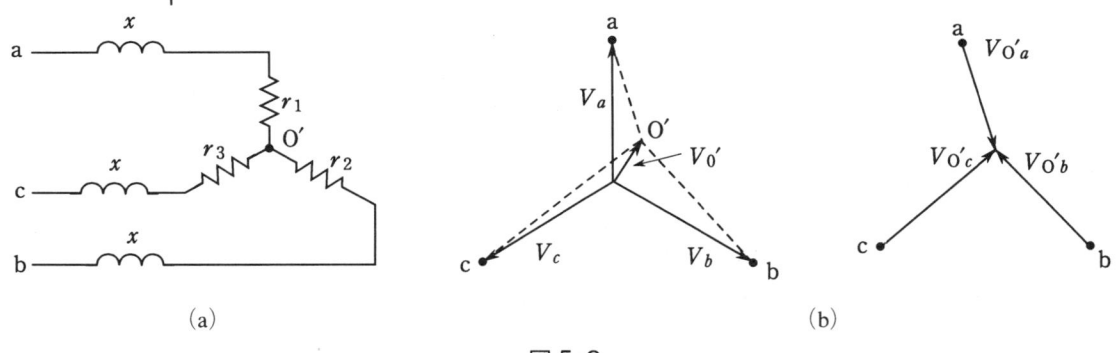

図5・2

〔略解〕 負荷共通点をO′としよう．するとa点に対するO′点の電位差$V_{O'a}$は，

$$V_{O'a} = \frac{Z_c Z_a V_{ba} + Z_a Z_b V_{ca}}{Z_b Z_c + Z_c Z_a + Z_a Z_b}$$

前章 (**4・3**) 式参照．

したがって，

$$I_a = \frac{V_{aO'}}{Z_a} = \frac{Z_c V_{ab} - Z_b V_{ca}}{Z_b Z_c + Z_c Z_a + Z_a Z_b}$$

そうして

$$V_{ab} = E - E\left(-\frac{1}{2} - j\frac{\sqrt{3}}{2}\right) = E\left(\frac{3}{2} + j\frac{\sqrt{3}}{2}\right)$$

$$V_{bc} = E\left(-\frac{1}{2} - j\frac{\sqrt{3}}{2}\right) - E\left(-\frac{1}{2} + j\frac{\sqrt{3}}{2}\right) = -j\sqrt{3}\,E$$

$$V_{ca} = E\left(-\frac{1}{2} + j\frac{\sqrt{3}}{2}\right) - E = E\left(-\frac{3}{2} + j\frac{\sqrt{3}}{2}\right)$$

$$Z_a = r_1 + jx, \quad Z_b = r_2 + jx, \quad Z_c = r_3 + jx$$

$$\therefore I_a = E\frac{(r_3 + jx)\left(\frac{3}{2} + j\frac{\sqrt{3}}{2}\right) + (r_2 + jx)\left(\frac{3}{2} - j\frac{\sqrt{3}}{2}\right)}{(r_1 + jx)(r_2 + jx) + (r_2 + jx)(r_3 + jx) + (r_3 + jx)(r_1 + jx)}$$

$$I_a = E\sqrt{\frac{r_2^2 + r_3^2 + r_2 r_3 + 3x^2 + \sqrt{3}\,x(r_3 - r_2)}{(r_1 r_2 + r_2 r_3 + r_3 r_1 - 3x^2)^2 + 4x^2(r_1 + r_2 + r_3)^2}}$$

同様にそれぞれb点, c点に対する電位差$V_{O'b}$, $V_{O'c}$よりI_b, I_cを求めれば，

$$I_b = E\sqrt{\frac{r_3^2 + r_1^2 + r_3 r_1 + 3x^2 + \sqrt{3}\,x(r_1 - r_3)}{(r_1 r_2 + r_2 r_3 + r_3 r_1 - 3x^2)^2 + 4x^2(r_1 + r_2 + r_3)^2}}$$

$$I_c = E\sqrt{\frac{r_1^2 + r_2^2 + r_1 r_2 + 3x^2 + \sqrt{3}\,x(r_2 - r_1)}{(r_1 r_2 + r_2 r_3 + r_3 r_1 - 3x^2)^2 + 4x^2(r_1 + r_2 + r_3)^2}}$$

5 負荷共通点電位決定による解法の例題

注： 不平衡負荷の場合の，電源中性点Oに対する負荷共通点O′の電位$V_{O'}$は前章（4·2）式または（4·3）式より，

$$V_{O'} = \frac{Z_b Z_c V_a + Z_c Z_a V_b + Z_a Z_b V_c}{Z_b Z_c + Z_c Z_a + Z_a Z_b}$$

これより電流を算出すればつぎのようになる．

$$I_a = \frac{V_{aO'}}{Z_a} = \frac{V_a - V_{O'}}{Z_a} = \frac{(Z_b + Z_c)V_a - Z_c V_b - Z_b V_c}{Z_b Z_c + Z_c Z_a + Z_a Z_b}$$

$$= \frac{(V_a - V_c)Z_b + (V_a - V_b)Z_c}{Z_b Z_c + Z_c Z_a + Z_a Z_b}$$

$$= \frac{-V_{ca}Z_b + V_{ab}Z_c}{Z_b Z_c + Z_c Z_a + Z_a Z_b}$$

すなわち前解と同一の結果が得られる．

不平衡負荷 **三相4線式電源**

〔**例8**〕 抵抗r，リアクタンスxよりなる図5·3(a)のような**不平衡負荷**がある．これを一定電圧Eの**三相4線式電源**に接続する．いま中性線の開閉器Sを閉じた場合とこれを開いた場合とにおける負荷の消費電力の比を求めよ．

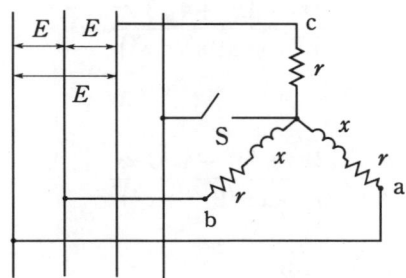

図5·3 (a)

〔**略解**〕 開閉器を閉じた場合の消費電力は明らかに

$$P_1 = \left(\frac{E}{\sqrt{3}}\frac{1}{r}\right)^2 r + 2\left(\frac{E}{\sqrt{3}}\frac{1}{\sqrt{r^2+x^2}}\right)^2 r$$

$$= \frac{E^2}{3} \cdot \frac{3r^2 + x^2}{r(r^2+x^2)}$$

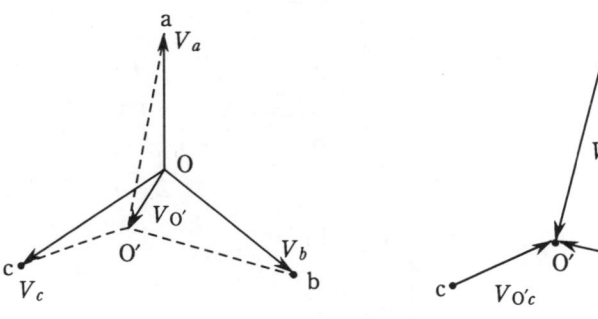

図5·3 (b)

つぎに開閉器を開いた場合の消費電力を算出するとつぎのようになる．

a点に対する負荷共通点O′の電位差$V_{O'a}$は，

5 負荷共通点電位決定による解法の例題

$$V_{O'a} = \frac{Z_c Z_a V_{ba} + Z_a Z_b V_{ca}}{Z_b Z_c + Z_c Z_a + Z_a Z_b} \qquad (4\cdot 3)\text{式参照.}$$

$$I_a = \frac{V_{a0'}}{Z_a} \frac{Z_c V_{ab} - Z_b V_{ca}}{Z_b Z_c + Z_c Z_a + Z_a Z_b}$$

$$\left. \begin{aligned} V_{ab} &= E \\ V_{bc} &= E\left(-\frac{1}{2} - j\frac{\sqrt{3}}{2}\right) \\ V_{ca} &= E\left(-\frac{1}{2} + j\frac{\sqrt{3}}{2}\right) \end{aligned} \right\}$$

$$\therefore \; I_a = \frac{Er - E\left(-\frac{1}{2} + j\frac{\sqrt{3}}{2}\right)(r + jx)}{(r + jx)(3r + jx)}$$

$$= \frac{E}{2} \frac{(3r + \sqrt{3}\,x) + j(x - \sqrt{3}\,r)}{(r + jx)(3r + jx)}$$

$$|I_a|^2 = \left(\frac{E}{2}\right)^2 \frac{12r^2 + 4x^2 + 4\sqrt{3}\,xr}{(r^2 + x^2)(9r^2 + x^2)}$$

同様に,

$$|I_b|^2 = \left(\frac{E}{2}\right)^2 \frac{12r^2 + 4x^2 - 4\sqrt{3}\,xr}{(r^2 + x^2)(9r^2 + x^2)}$$

$$|I_c|^2 = \left(\frac{E}{2}\right)^2 \frac{12}{9r^2 + x^2}$$

$$\therefore \; \text{電力} \quad P_2 = |I_a|^2 r + |I_b|^2 r + |I_c|^2 r = E^2 r \frac{9r^2 + 5x^2}{(r^2 + x^2)(9r^2 + x^2)}$$

注: 開閉器を開いた場合, 電源共通点に対し負荷共通点の電位 $V_{O'}$ は,

$$V_{O'} = \frac{\frac{1}{Z}V_a + \frac{1}{Z}V_b + \frac{1}{r}V_c}{\frac{2}{Z} + \frac{1}{r}} \qquad (4\cdot 2)\text{式参照.}$$

$$\therefore \; I_a = \frac{V_a - V_{O'}}{Z_a} = \frac{\left(\frac{2}{Z} + \frac{1}{r}\right)V_a - \frac{1}{Z}V_a - \frac{1}{Z}V_b - \frac{1}{r}V_c}{\left(\frac{2}{Z} + \frac{1}{r}\right)Z_a}$$

$$= \frac{\frac{1}{Z}V_{ab} - \frac{1}{r}V_{ca}}{\left(\frac{2}{Z} + \frac{1}{r}\right)Z_a}$$

$Z_a = r, \; Z = r + jx$ であるから前解と同一結果となる.

二相3線式電源　〔例9〕 図5・4(a)のような**二相3線式電源**の各線の電流を求めよ. ただし発電機の端子電圧 E_{ac}, E_{bc} は正しい二相電圧で, E_{bc} が E_{ac} よりも 90° 遅れているものとする.

5 負荷共通点電位決定による解法の例題

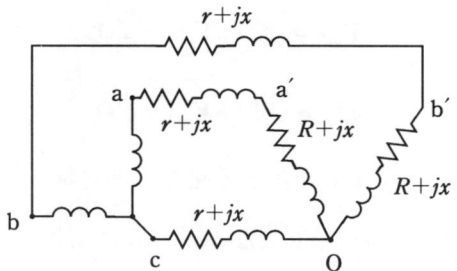

図5・4 (a)

〔略解〕

$$V_{0c} = \frac{Y_a E_{ac} - jY_b E_{ac}}{Y_a + Y_b + Y_0} \qquad (4\cdot1)\text{式参照.}$$

$$= \frac{Z_b Z_0 E_{ac} - jZ_b Z_0 E_{ac}}{Z_b Z_0 + Z_a Z_0 + Z_a Z_b}$$

$$Z_a = Z_b = r + R + j(x+x)$$

$$Z_0 = r + jx$$

$$I_a = \frac{E_{ac} - V_{0c}}{Z_a} = E_{ac} \frac{Z_0 + Z_b + jZ_0}{Z_b Z_0 + Z_a Z_0 + Z_a Z_b}$$

$$= E \frac{2r + R - x + j(r + 2x + X)}{2\{r + R + j(x+X)\}(r+jx) + \{r + R + j(x+X)\}^2}$$

$$I_b = \frac{E_{bc} - V_{0c}}{Z_b} = E_{ac} \frac{-jZ_0 - jZ_a - Z_0}{Z_b Z_0 + Z_a Z_0 + Z_a Z_b}$$

$$= E \frac{-r + 2x + X - j(2r + R + x)}{2\{r + R + j(x+X)\}(r+jx) + \{r + R + j(x+X)\}^2}$$

$$I_c = \frac{V_{0c}}{Z_b} = E_{ac} \frac{Z_b - jZ_b}{Z_b Z_0 + Z_a Z_0 + Z_a Z_b}$$

$$= E \frac{r + R + x + X - j(r + R - x - X)}{2\{r + R + j(x+X)\}(r+jx) + \{r + R + j(x+X)\}^2}$$

電位地形図　a, b, a′, b′, c, O点の**電位地形図**は図に示すとおりで，電流，受電端電圧などいずれも平衡二相式ではない．

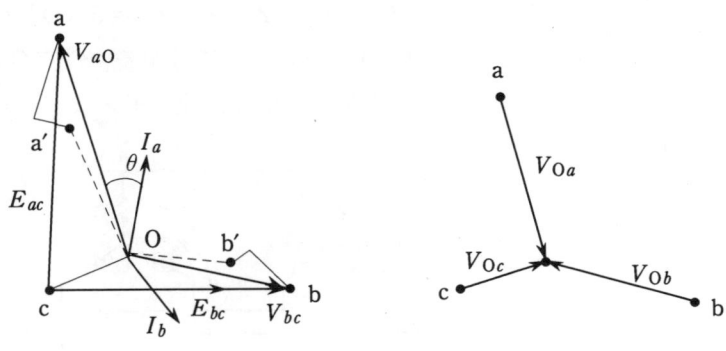

図5・4 (b)

$$\theta = \tan^{-1}\frac{x+X}{r+R} \qquad V_{0c} = \overleftarrow{Oc},$$

$$V_{aO} = \overleftarrow{aO}, \quad V_{aa'} = \overleftarrow{aa'}, \quad V_{a'O} = \overleftarrow{a'O}$$

$$V_{bO} = \overleftarrow{bO}, \quad V_{bb'} = \overleftarrow{bb'}, \quad V_{b'O} = \overleftarrow{b'O}$$

〔別解〕　a，b，cを負荷端子と見なし非対称三相3線式であると考えられるので，a点に対するO点の電位差V_{Oa}は $(4\cdot3)$式により，

$$V_{Oa} = \frac{Z_c Z_a V_{ba} + Z_a Z_b V_{ca}}{Z_b Z_c + Z_c Z_a + Z_a Z_b}$$

$$\therefore I_a = \frac{V_{aO}}{Z_a} = \frac{Z_c V_{ab} - Z_b V_{ca}}{Z_b Z_c + Z_c Z_a + Z_a Z_b}$$

$V_{ac} = E, \ V_{bc} = -jE,$ 　したがって $V_{ab} = V_{ac} - V_{bc} = E(1+j)$

$Z_a = Z_b = r + R + j(x+X), \ Z_c = r + jx$

$$\therefore I_a = \frac{E(1+j)(r+jx) + E\{r + R + j(x+X)\}}{2\{r + R + j(x+X)\}(r+jx) + \{r + R + j(x+X)\}^2}$$

同様にb点に対するO点の電位差V_{ab}，c点に対するO点の電位差V_{Oc}に適用し，I_b，I_cが得られる．

〔問1〕　図5・5のような星形不平衡負荷に平衡三相電圧E_1，E_2，E_3を加えた場合の負荷の中性点の電位を求めよ．ただし星形の各相のアドミタンスをY_1，Y_2，Y_3とする．

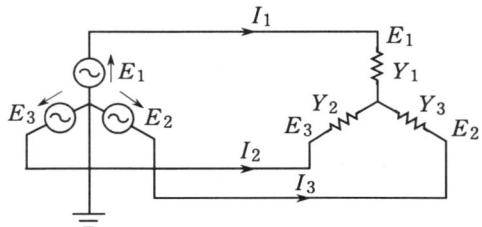

図5・5

〔問2〕　星形結線の対称三相電源に図5・6のように不平衡負荷抵抗r_1，r_2，r_3を星形に結び，$r_1 = 1 \ [\Omega]$，$r_2 = 2 \ [\Omega]$，$r_3 = 5 \ [\Omega]$のとき，電源の星形起電力が$100 \ [V]$，相回転がa－b－cの場合に電源の中性点Oと負荷の中性点O′との間の電圧はいくらか．ただし電線および接続線のインピーダンスは無視するものとする．

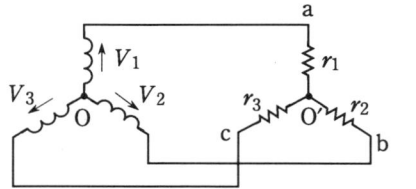

図5・6

6　残留電圧

残留電圧　　三相送電線（配電線）で R はともかく，L, C の値が各線間と大地相互の配置関係で異なるために，また故障時には定数が不平衡をきたすため，各線の電位に影響し，共通点も大地に対してある交番電位を有するようになる．これを**残留電圧**というが，以下例題について示そう．

対地容量　　〔例10〕　図6・1のように三相送電線の**対地容量**はそれぞれ C_a, C_b, C_c で相異なるものとし，昇圧変圧器の2次は星形結線で中性点は絶縁されているものとする．いま送電線の線間電圧を V〔V〕とすれば中性点の大地に対する電位は何〔V〕となるか．ただし発電機および変圧器のインピーダンスならびに線路の上記以外の定数はすべて無視するものとする．

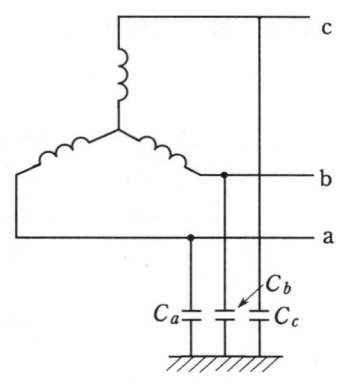

図6・1

〔略解〕　C_a, C_b, C_c を不平衡負荷と考えれば，所要の電位 V_0 は $V_0 = V_{OO'} = V_{O'O}$ であるから (4・2) 式から，

$$V_0 = -\frac{Y_a E_a + Y_b a^2 E_a + Y_c a E_a}{Y_a + Y_b + Y_c} \quad (ただし，E_a はa相の起電力)$$

$$= -\frac{V}{\sqrt{3}} \cdot \frac{C_a + \left(-\frac{1}{2} - j\frac{\sqrt{3}}{2}\right)C_b + \left(-\frac{1}{2} + j\frac{\sqrt{3}}{2}\right)C_c}{C_a + C_b + C_c}$$

これを整理すれば，

$$|V_0| = \frac{V}{\sqrt{3}} \cdot \frac{\sqrt{C_a^2 + C_b^2 + C_c^2 - C_a C_b - C_b C_c - C_c C_a}}{C_a + C_b + C_c}$$

注1：　**各線の電位その他**　　たとえばa線の電位 V_a は，

$$V_a = V_0 + E_a = -\frac{C_a + a^2 C_b + a C_c}{C_a + C_b + C_c} E_a + E_a$$

$$= \frac{C_b(1-a^2) + C_c(1-a)}{C_a + C_b + C_c} E_a$$

$$= \frac{3(C_b+C_c)+j\sqrt{3}(C_b-C_c)}{2(C_a+C_b+C_c)} E_a$$

$$|V_a| = \frac{V}{\sqrt{3}} \cdot \frac{\sqrt{9(C_b+C_c)^2+13(C_b-C_c)^2}}{2(C_a+C_b+C_c)}$$

$$= \frac{\sqrt{C_b{}^2+C_c{}^2+C_bC_c}}{C_a+C_b+C_c} V$$

b線やc線の電位も同様に求められる．

また $C_a=C_b=C_c$ とすれば $V_0=0$ となることは，求めた V_0 の式から明らかである．さらにc線が送電端で断線した場合の残留電圧 V_0 は $C_c=0$ とおいて，

断線時の残留電圧

$$|V_0{}'| = \frac{V}{\sqrt{3}} \cdot \frac{\sqrt{C_a{}^2+C_b{}^2-C_aC_b}}{C_a+C_b}$$

なお各線の電位は1線中でも，送電端，中央点，受電端により変るわけで，ほかに，R, L および導線中の電流が関係するが，電位の概略の計算には，これは無視して単に集中しているものと見なした対地静電容量だけを考えればよい．この意味では，c線の断線は送電端でなくてもよかったわけである．

注2： 共通点と大地間に消弧リアクトルがある場合および消弧リアクトルの直列共振

消弧リアクトル

図6・2のように消弧リアクトル（これについては次項で説明する）のインダクタンスを L_0 とすると，

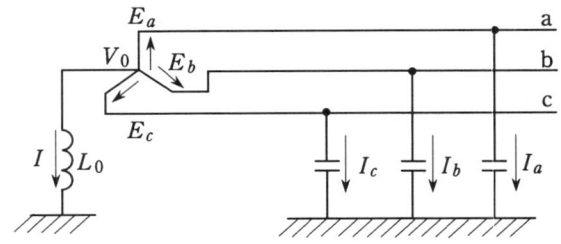

図6・2

$$I_a+I_b+I_c+I=0$$
$$I_a=j\omega C_a(V_0+E_a)$$
$$I_b=j\omega C_b(V_0+E_b)$$
$$I_c=j\omega C_c(V_0+E_c)$$
$$I=V_0/j\omega L_0$$

$$\therefore j\omega V_0(C_a+C_b+C_c)+j\omega(C_aE_a+C_bE_b+C_cE_c)+\frac{V_0}{j\omega L_0}=0$$

$$\therefore V_0 = -\frac{j\omega(C_aE_a+C_bE_b+C_cE_c)}{j\omega(C_a+C_b+C_c)+\frac{1}{j\omega L_0}}$$

$$= \frac{C_aE_a+C_bE_b+C_cE_c}{\frac{1}{\omega^2 L_0}-(C_a+C_b+C_c)}$$

さて，ここで，もしも $\omega L_0=1/\omega(C_a+C_b+C_c)$ なる条件が成り立つときは，上式の分母は0となり，$C_a=C_b=C_c$ でない限り，V_0 は無限大となり，また，L_0 には非常に大きな電流が通じ危険である．これは，**消弧リアクトルの直列共振**であ

直列共振

-28-

6 残留電圧

る．したがって，L_0 の値としては，上記の共振の関係より少しはずれた値に定めなければならない．

なお，R, L, C のうち各線の対地静電容量（平常時の計算に用いる1線の中性点に対する静電容量は，この対地静電容量と3線相互間の相互静電容量との組合せから成るものである）が，3線の電位におよぼす影響がもっとも大である．

撚架
残留電圧

〔例11〕 66 000〔V〕の三相3線式において図6・3のように電線の**撚架**を施した場合に，中性点と大地との間に現われる**残留電圧**を計算せよ．ただし電路の対地静電容量〔μF/km〕は上部電線 0.0040，中部電線 0.0035，下部電線 0.0045 であって，そのほかの線路定数はすべてこれを無視するものとする．

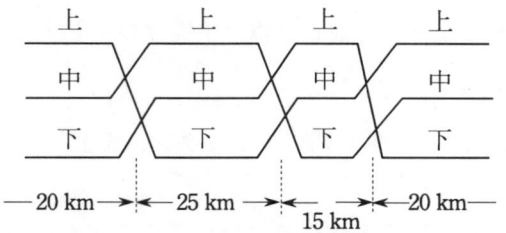

図6・3

〔略解〕 左端において上部，中部，下部の送電線をそれぞれ 1, 2, 3 としそれぞれの静電容量を C_1, C_2, C_3 とすれば，

$$C_1 = 40 \times 0.0040 + 0.0045 \times 25 + 0.0035 \times 15 = 0.325 \text{〔μF〕}$$
$$C_2 = 40 \times 0.0035 + 0.0040 \times 25 + 0.0045 \times 15 = 0.308 \text{〔μF〕}$$
$$C_3 = 40 \times 0.0045 + 0.0035 \times 25 + 0.0040 \times 15 = 0.328 \text{〔μF〕}$$

電源中性点に対し負荷共通点の電位 $V_{0'0}$ は，

$$V_{0'0} = \frac{Y_1 V_1 + Y_2 V_2 + Y_3 V_3}{Y_1 + Y_2 + Y_3}$$

相回転の方向を 1, 2, 3 の順とすれば，$V_2 = a^2 V_1$, $V_3 = a V_1$

$$\therefore V_{0'0} = \frac{C_1 + a^2 C_2 + a C_3}{C_1 + C_2 + C_3} V_1$$

$$= V_1 \frac{0.325 + \left(-\frac{1}{2} + j\frac{\sqrt{3}}{2}\right) \times 0.308 + \left(-\frac{1}{2} - j\frac{\sqrt{3}}{2}\right) \times 0.328}{0.325 + 0.308 + 0.328}$$

$$= V_1 \frac{0.007 - j 0.01\sqrt{3}}{0.961}$$

$$\therefore V_{0'0} = \frac{66\,000}{\sqrt{3}} \times \frac{\sqrt{0.007^2 + (0.01\sqrt{3})^2}}{0.961} = 741 \text{〔V〕}$$

〔例12〕 図6・4のように中性点を接地しない三相送電線路の1線を抵抗 R を通じて接地した場合における各線の大地に対する電位を求めよ．ただし各線間には対称電圧 E を加えるものとし，各線の大地に対する静電容量は相等しく，これを C とする．またそのほかの線路定数はこれを無視する．

—29—

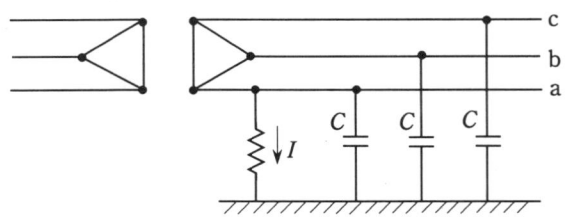

図6·4

〔解説〕 キルヒホッフの法則によってまともに解いても,鳳・テブナンの定理を適用してもよいが,ここでは**共通点電位決定**の問題として調べよう.

対地静電容量は星形に接続された平衡三相負荷と考えられ,これを題意のように1線を抵抗Rで接地すれば,接地した線と中性点とにさらに静電容量と並列に抵抗を負荷した形となり,接地した線と中性点のアドミタンスY_gは,

$$Y_g = \frac{1}{R} + j\omega C$$

ほかの2線は,中性点間のアドミタンスをYとすれば,静電容量のみであるから,

$$Y = j\omega C$$

このような**星形不平衡負荷**に対称三相電圧を供給した場合には,(抵抗Rで接地したため,a,b,c 3線の大地〜中性点に対する関係が同一でなくなり),各線の電位は対称三相電位ではなくなり,**仮想共通点**の電位は0とはならず,一般にV_0となる.

仮想共通点といったのは,いうまでもなく,3線の共通点がないためにいったのである.ところで本問では,接地したものであるから,この点が強制的に0電位に保たれるわけである.したがって接地前の0電位点は$-V_0$となり,各線の**対地電位**は,接地前の値にそれぞれ$-V_0$を加えたものとなる.しかしa線を接地したものとして各線電位をV_{ag},V_b,V_cとするときは,線間電圧,$V_{ag}-V_b, V_b-V_c, V_c-V_{ag}$は対称三相電圧であることは忘れてはならない.ここにV_{ag}と示したのは,接地後のa線の電位で,接地前はV_aと示すこととする.

以上で示したことから,各線の対地電位は,

$$\left.\begin{aligned} V_{ag} &= \frac{E}{\sqrt{3}} - V_0 \\ V_b &= \frac{a^2 E}{\sqrt{3}} - V_0 \\ V_c &= \frac{a E}{\sqrt{3}} - V_0 \end{aligned}\right\} \quad \left\{\begin{aligned} a &= -\frac{1}{2} + j\frac{\sqrt{3}}{2} \\ 1 + a + a^2 &= 0 \end{aligned}\right\}$$

したがって各アドミタンスへの電流I_a, I_bおよびI_cは,

$$I_a = V_{ag} Y_g, \quad I_b = V_b Y, \quad I_c = V_c Y$$

そうして3線式であるから

$$I_a + I_b + I_c = 0$$

$$\therefore \left(\frac{E}{\sqrt{3}} - V_0\right) Y_g + \left(\frac{a^2 E}{\sqrt{3}} - V_0\right) Y + \left(\frac{a E}{\sqrt{3}} - V_0\right) Y = 0$$

$$\therefore V_0 = \frac{E}{\sqrt{3}} \cdot \frac{Y_g + (a^2 + a) Y}{Y_g + 2Y} = \frac{E}{\sqrt{3}} \cdot \frac{Y_g - Y}{Y_g + 2Y}$$

6 残留電圧

$$= \frac{E}{\sqrt{3}} \cdot \frac{\frac{1}{R}}{\frac{1}{R}+j\omega C + j2\omega C} = \frac{E}{\sqrt{3}} \cdot \frac{\frac{1}{R}}{\frac{1}{R}+j3\omega C}$$

$$= \frac{E}{\sqrt{3}} \cdot \frac{1}{1+j3\omega CR}$$

$$\therefore V_{ag} = \frac{E}{\sqrt{3}} - V_0 = \frac{E}{\sqrt{3}} - \frac{E}{\sqrt{3}} \cdot \frac{1}{1+j3\omega CR}$$

$$= \frac{E}{\sqrt{3}}\left(1 - \frac{1}{1+j3\omega CR} \times \frac{1-j3\omega CR}{1-j3\omega CR}\right)$$

$$= \frac{E}{\sqrt{3}}\left\{\frac{1+j3\omega CR}{1+j3\omega CR} - \frac{1}{1+j3\omega CR}\right\}$$

$$= \frac{E}{\sqrt{3}} \frac{j3\omega CR}{1+j3\omega CR} = \frac{\sqrt{3}\,E\omega CR}{3\omega CR - j}$$

$$|V_{ag}| = \frac{\sqrt{3}\,E\omega CR}{\sqrt{1+(3\omega CR)^2}} = \frac{\sqrt{3}\,E\omega CR}{\sqrt{1+9\omega^2 C^2 R^2}}$$

$$\therefore V_b = \frac{E}{\sqrt{3}}\left(-\frac{1}{2} - j\frac{\sqrt{3}}{2}\right) - \frac{E}{\sqrt{3}} \cdot \frac{1}{1+j3\omega CR}$$

$$= \frac{E}{\sqrt{3}}\left\{\frac{(-3+3\sqrt{3}\,\omega CR) - j(\sqrt{3}+3\omega CR)}{2(1+j3\omega CR)}\right\}$$

$$= E\frac{(3\omega CR - \sqrt{3}) - j(1+\sqrt{3}\,\omega CR)}{2(1+j3\omega CR)}$$

$$|V_b| = E\frac{\sqrt{(3\omega CR - \sqrt{3})^2 + (1+\sqrt{3}\,\omega CR)^2}}{2\sqrt{1+9\omega^2 C^2 R^2}}$$

$$= E\frac{\sqrt{(3\omega^2 C^2 R - \sqrt{3})\omega CR + 1}}{\sqrt{1+9\omega^2 C^2 R^2} + 1}$$

$$V_c = \frac{E}{\sqrt{3}}\left(-\frac{1}{2} + j\frac{\sqrt{3}}{2}\right) - \frac{E}{\sqrt{3}} \cdot \frac{1}{1+j3\omega CR}$$

$$= \frac{E}{\sqrt{3}}\left\{\frac{-(3+3\sqrt{3}\,\omega CR) + j(\sqrt{3}-3\omega CR)}{2(1+j3\omega CR)}\right\}$$

$$= E\frac{-(3\omega CR + \sqrt{3}) + j(1-\sqrt{3}\,\omega CR)}{2(1+j3\omega CR)}$$

$$|V_c| = E\frac{\sqrt{(3\omega CR + \sqrt{3})^2 + (1-\sqrt{3}\,\omega CR)^2}}{2(1+9\omega^2 C^2 R^2)}$$

$$= E\frac{\sqrt{3\omega^2 C^2 R^2 + \sqrt{3}\,\omega CR + 1}}{1+9\omega^2 C^2 R^2}$$

7 鳳・テブナンの定理による地絡電流の計算

7・1 鳳・テブナンの定理と地絡電流

図7・1に示すような三相送電線のc線中の一点pで地絡を生じたときの各部の電位,電流の分布は,**鳳・テブナンの定理**によれば,つぎの二つの場合の値を重ね合せればよい.

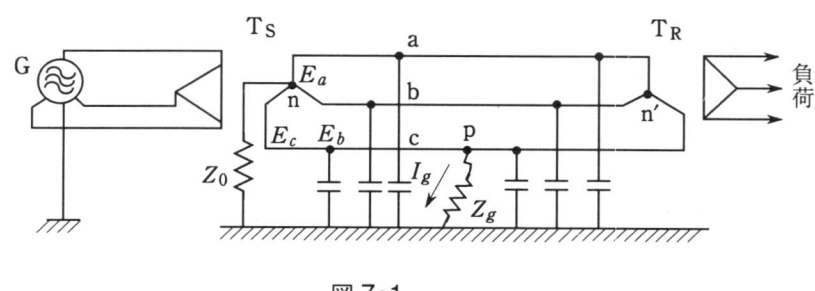

図7・1

第一分布 地絡の発生しない以前の正規運転状態における電位,電流分布.
第二分布 地絡の発生以前にp点に存在していた交番電位をE_cとし,E_cに等しい起電力がp点から大地に向って,地絡点のインピーダンスZ_gを通じて働いたものと考え,この系統にはこれ以外の起電力はないとしたときに定まる電位,電流分布.(図7・2参照).

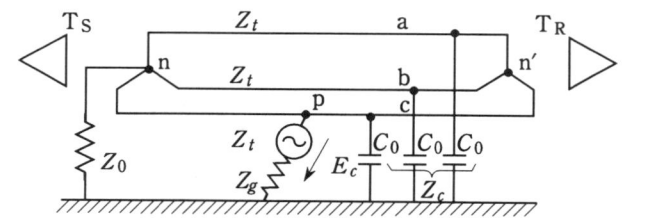

図7・2

この理由は重ねの理などから明らかであろう.

さて第一分布は**定常状態**であり,第二分布に第一分布を重ね合せたものが**故障時の分布**であり,**地絡電流**だけの計算の目的ならば,E_cという一つの起電力を考えればよいわけである.しかしこれはあくまでも概略の値を知るための手法であることを念頭においていただきたい.

7・2 地絡電流の計算

さて前記の E_c（地絡発生前のp点の電位）という起電力の働く回路のインピーダンスとしては変圧器 T_S の共通点インピーダンス Z_0, 地絡点のインピーダンス Z_g, a, b, c各線の対地静電容量 C_0（ここでは $3 \times C_0$ のインピーダンス形を $Z_G = -j/3\omega C_0$ とする），線路のインピーダンス Z_t などのほかに送受電端の変圧器 T_S, T_R のインピーダンスや T_S の1次側に連なる発電機，T_R の2次側の負荷インピーダンスなども関係してくる．

このままではわかりにくいので，これを図7・3のように描き換えてみよう．共通

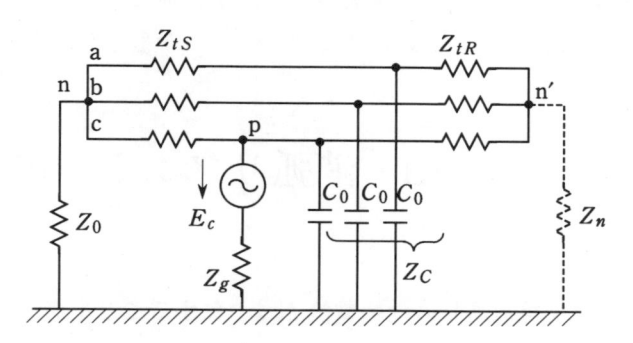

図7・3

点を接地していない T_R のインピーダンス，それに続く負荷インピーダンスを表わす Z_{tR} や Z_{tS}, C_0 などが各相とも等しければ E_c による電流を求めるためには関係がなくなってしまう．また Z_t や Z_{tS} さらに発電機を含むインピーダンスは Z_C や Z_0 に比べれば小さいから，一般にはこれらを無視しても差しつかえない．

すると図7・3は図7・4のような簡単な回路に描き換えることができよう．もしも T_R も共通点 n′ が接地してあればその接地インピーダンス Z_n を Z_0 と同様に考えて Z_C に並列に Z_n を考えればよいわけである．

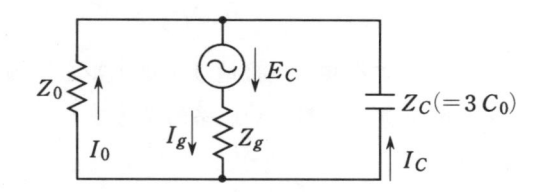

図7・4

対地充電電流　図7・4で I_g は地絡点を通る電流，I_C は**対地充電電流**，I_0 は接地インピーダンスを
故障電流　通る**故障電流**である．C_0 は各線の対地静電容量であって，一般の送電状態における三相送電線の計算に用いる（線間容量をも考慮した）1線と中性点間の静電容量 C_n とは異なり，これよりは少し小さい値である．けれども，図7・4のよりわかるよう
地絡電流　に**地絡電流**を求める際には，a, b, c 3線は一括して1線に表わされるのであるから，C_0 は3線を一括して同電位としたときの1線あたりの対地静電容量と考えるべきものである．

すると，図7・4から E_c という単相の起電力の働く全回路の合成インピーダンス Z_T は，

$$Z_T = Z_g + \frac{Z_0 Z_C}{Z_0 + Z_C} = \frac{Z_g Z_0 + Z_g Z_C + Z_0 Z_C}{Z_0 + Z_C}$$

$$\therefore I_g = \frac{E_C}{Z_T} = \frac{E_C(Z_0+Z_C)}{Z_g Z_0 + Z_g Z_C + Z_0 Z_C}$$

$$\therefore I_0 = I_g \times \frac{Z_C}{Z_0+Z_C}$$

$$\therefore I_G = I_g \times \frac{Z_0}{Z_0+Z_C}$$

として，前項の第二分布のみの電流，すなわち地絡電流などを求めることができる．

ここに Z_g は地絡点インピーダンス，Z_C は3線を一括したものの対地静電容量をインピーダンスの形で表わしたもの，すなわち $Z_0 = -j/3\omega C_0$，Z_0 は共通点の**接地イン**[接地インピーダンス]**ピーダンス**で，もしも受電端共通点が接地してある場合には，その接地インピーダンスも Z_0 に考慮しておけばよいことはいうまでもあるまい．

7・3 消弧リアクトルの原理

[地絡電流] 図7・1の1線地絡時の**地絡電流** I_g を0にすることを考えてみよう．それには前項 I_g の式で $Z_0 + Z_C = 0$ とすればよいであろう．ただし $Z_0 Z_C \neq 0$ である．

この条件から式を変形すると，

$$Z_0 = -Z_C = j\frac{1}{3\omega C_0}$$

という関係がなければならない．これから Z_0 は誘導リアクタンスであって（$+j$ がついているから），その値は $1/3\omega C_0$ でなければならない．

それで，そのインダクタンスを L_0 とすれば，

$$\omega L_0 = \frac{1}{3\omega C_0} \quad \therefore \quad L_0 = \frac{1}{3\omega^2 C_0}$$

[消弧リアクトル] このような L_0 を有する共通点接地リアクトルを**消弧リアクトル**というが，I_g の式から，Z_g がある値を有する不完全地絡の場合でも，$Z_g = 0$ なる完全地絡の場合でも $I_g = 0$ となることは明らかであろう．

[並列共振] 消弧リアクトルを設けたときは，図7・4は図7・5(a)のようになり，さらに図(b)のように描き換えられる．図から明らかなように L_0 と $3C_0$ とが**並列共振**を生ずる条件のときであり，E_C の働く回路のインピーダンスは無限大となり地絡電流は通じないわけである．

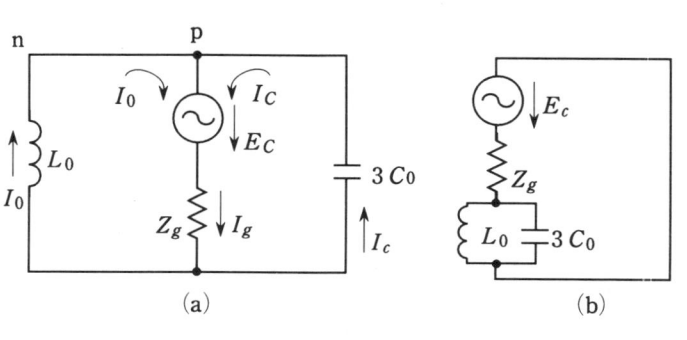

図7・5

7·3 消弧リアクトルの原理

消弧リアクトル　このことを地絡点からみた地絡回路全体のインピーダンスが無限大となるという．そうして，地絡点には故障電流が通じない．すなわち，地絡事故が生じても電流そしてアークを生じないのではなはだ都合がよい．この意味で**消弧リアクトル**というのであろう．

〔**例 13**〕　図 7·6 のように，送電端および受電端の中性点をそれぞれ 440 〔Ω〕の抵抗をもって接地した長さ 100〔km〕，電圧 66 000〔V〕，周波数 50〔Hz〕，三相 1 回線の送電線がある．その 1 線に地絡を生じたとき，地絡点の電流および接地抵抗を通ずる電流を求めよ．

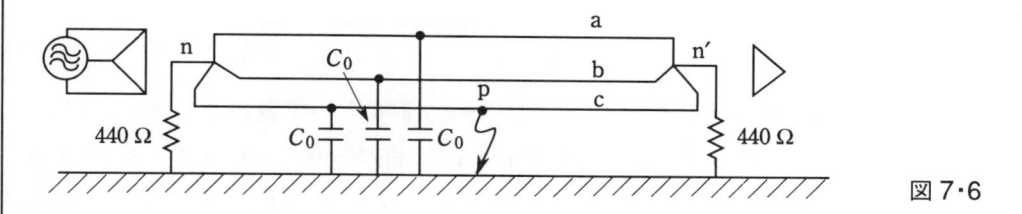

図 7·6

ただし，1 線の対地静電容量は 0.005×10^{-6}〔F/km〕とし，そのほかの定数は，これを無視するものとする．

〔**略解**〕　7·1 の第二分布，前章での計算過程によって解くのがもっとも簡単である．それには，地絡を生じた 1 線から地絡点に向って，地絡発生前に存在していた対地電位と等しい起電力 E_C を考えなければならない．

本問としては概略値を求める性質のものであるから，故障発生前のその点の電位は $66\,000/\sqrt{3}$〔V〕であったとしよう．したがって，完全地絡とすれば図 7·7 のような単相回路として考えればよいわけである．

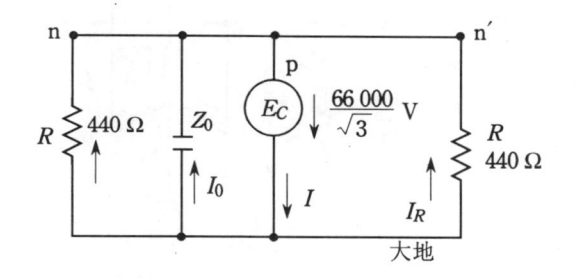

図 7·7

まずインピーダンスを求めておこう．

$$Z_0 = -j\frac{1}{3\omega C_0}$$

$$3C_0 = 0.005 \times 3 \times 10^{-6} \times 100 = 1.5 \times 10^{-6} \text{〔F〕}$$

$$\therefore\ Z_0 = -j\frac{1}{1.5 \times 10^{-6} \times 2 \times 3.14 \times 50} = -j2\,123 \text{〔Ω〕}$$

$$\therefore\ I_0 = \frac{66\,000}{\sqrt{3}} \cdot \frac{1}{Z_0} = \frac{66\,000}{\sqrt{3}} \times \frac{1}{-j2\,123} = -j18 \text{〔A〕}$$

$$I_R = \frac{66\,000}{\sqrt{3}} \cdot \frac{1}{R} = \frac{66\,000}{\sqrt{3}} \times \frac{1}{440} = 86.8 \text{〔A〕}$$

$$I = 2I_R + I_C = 2 \times 86.8 + j18 = 173.6 + j18 \text{ [A]}$$

$$|I| = \sqrt{173.6^2 + 18^2} = 174 \text{ [A]}$$

高圧三相式配電線路

〔例14〕 高圧三相式配電線路の地絡を検出するため図7・8のように3個の変圧器

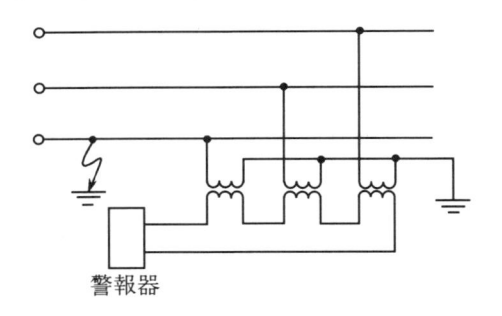

図7・8

を接続し，故障の際，変圧器2次側において警報器を動作させようとする．線路電圧 V [V]，変圧器の巻数比 $n:1$，1個の等価インピーダンス（1次側にて）$r+jx$ [Ω]，警報器コイルのインピーダンス r_0+jx_0 [Ω] であるとき，1線地絡故障のため大地に通ずる電流はいくらか，ただし，上記以外の回路定数はすべてこれを無視するものとする．

〔解説〕 与えられた図7・8を描き換えると図7・9のようになる．いまc線中の1点で完全地絡が起こったとすれば，**鳳・テブナンの定理**によって故障電流を求めるには，地絡点に E_C なる起電力（E_C は地絡発生前のc線の対地電位でその大きさは，$V/\sqrt{3}$ である）をc線から大地へ向って加えればよい．

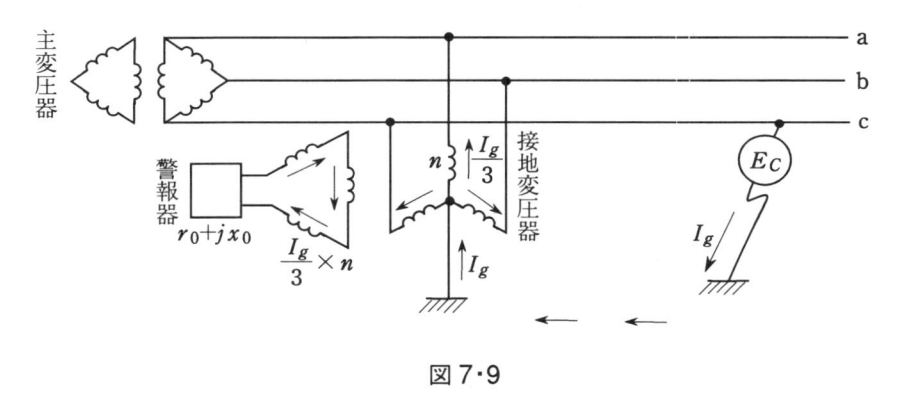

鳳・テブナン の定理

図7・9

地絡電流

この E_C によって図のように I_g なる**地絡電流**が通ずるとしよう．I_g は接地変圧器の接地線から入り，Y接続の1次巻線の3脚に等分に通ずる．（主変圧器と線路のインピーダンスを考えていないから明らかであろう）．2次側△結線には $I_g/3$ を補償するため $I_g n/3$ [A] が環流する．

この電流により警報器中に生ずる電圧降下 e は，$e = (I_g n/3) \times (r_0+jx_0)$，そうしてこの電圧降下に打ち勝つために△結線の1辺中に生ずべき起電力は $e/3$ である．これに相当してY側の一脚中に $ne/3$ という反抗起電力が必要となる．

そのほかに接地変圧器のインピーダンス降下 $I_g(r+jx)/3$ が存在するから，E_C なる起電力は $(ne/3) + \{I_g(r+jx)/3\}$ なるインピーダンス降下に費やされることになる．

したがって，つぎの関係式が成立する．

—36—

$$E_C = \frac{ne}{3} + \frac{I_g(r+jx)}{3} = \left(\frac{n}{3}\right)^2 I_g(r_0+jx_0) + \frac{I_g}{3}(r+jx)$$
$$= I_g\left\{\left(\frac{n}{3}\right)^2(r_0+jx_0) + \frac{1}{3}(r+jx)\right\}$$

E_C の大きさは $V/\sqrt{3}$ であるから I_g の絶対値 $|I_g|$ を上式から求めると，

$$|I_g| = \frac{V}{\sqrt{3}} \Big/ \sqrt{\left\{\left(\frac{n^2 r_0}{9}+\frac{r}{3}\right)^2 + \left(\frac{n^2 x_0}{9}+\frac{x}{3}\right)^2\right\}}$$
$$= \sqrt{3}V \Big/ \sqrt{\left(r+\frac{n^2 r_0}{3}\right)^2 + \left(x+\frac{n^2 x_0}{3}\right)^2}$$

これが求める答である．もし接地変圧器のインピーダンス $r+jx$ を無視すれば，上式からただちに

$$I_g = \frac{E_C}{\left(\frac{n}{3}\right)^2 \times (r_0+jx_0)}$$

この式からつぎのことがいえるであろう．接地変圧器の2次側△の1角にそう入されたインピーダンス Z は，地絡電流を制限する作用からいえば，(すなわち1次側からみて) 2次側△回路を短絡し，1次側Yの共通点と大地との間に $(n/3)^2 \times Z$ を挿入したものに相当する．

非接地式地中送電線路

〔問3〕 ベルト形3心ケーブルを使用した**非接地式地中送電線路**があり，その1線に地絡を生じたとき大地に通ずる電流を求めよ．ただし静電容量以外の線路定数はこれを無視するものとし，また，この計算に必要な静電容量はその電線路のケーブルとまったく同じ見本品について，単相電圧によって測定して求めるものとする．

〔ヒント〕 完全地絡とすると等価回路は**図7・10**のようになる．

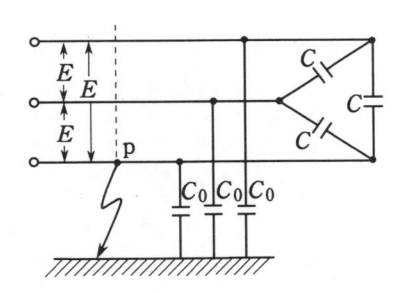

図7・10

〔問4〕 図7・11に示すように，中性点を接地しない三相3線式送電線路1回線がある．いまb相が抵抗 R_1 〔Ω〕，c相が抵抗 R_2 〔Ω〕を通じて同時地絡を生じた場合，各地絡地点の地絡電流および健全相（非接地相：a相）の大地に対する電位を求めよ．ただし，各線間には対称電圧 V〔V〕を加えるものとし，各線の大地に対する静電容量は相等しく C〔F〕とする．またそのほかの線路定数は無視するものとする．

7 鳳・テブナンの定理による地絡電流の計算

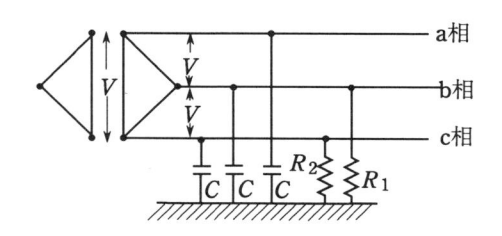

図7・11

〔ヒント〕 題意の等価回路は**図7・12**のようになる．地絡電流の計算は前項の要領で，a相の電位は，星形換算の**仮想共通点**の電位 E_0 を求め，これと健全相電圧 E_a と合成すればよい．計算は $a^2 = (-1-j\sqrt{3})/2$, $a = (-1+j\sqrt{3})/2$ を代入して後の数値計算に注意されたい．

仮想共通点

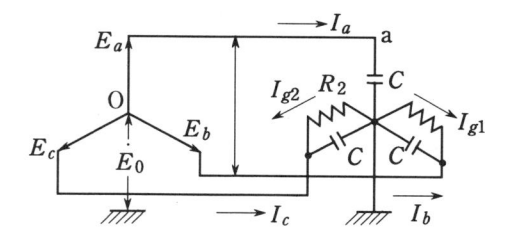

図7・12

8 ベクトル図法による解法

この方法はベクトル図の助けをかりて直接的にあるいは間接的に解く方法で、とくに各量が数値で与えられる場合には解が直接的であり、位相関係なども直視的でわかりやすい方法である。また機器の誤接続時の電圧関係の検討には、もってこいの方法である。以下、例題により示してみよう。

8・1 ベクトル図を描いて直接計算する例題

三相不平衡抵抗負荷

〔例15〕 図8・1のような三相不平衡抵抗負荷 $r_{AB}=10$〔Ω〕, $r_{BC}=20$〔Ω〕, $r_{CA}=10$〔Ω〕に対し、対称三相電圧 $V=100$〔V〕を加えるとき、各抵抗に通ずる電流 I_{ab}, I_{bc}, I_{ca} の大きさを計算し、かつ線路電流 I_a, I_b, I_c をベクトル図によって示せ。

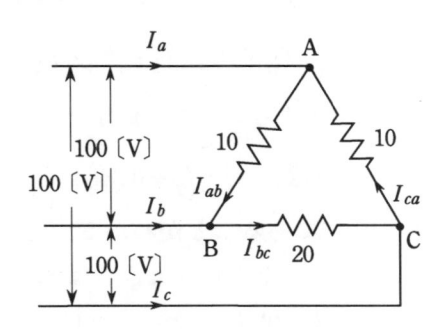

図8・1

〔解説〕 まずAB間の1相のみを考えれば、電圧は100〔V〕であり、抵抗は10〔Ω〕であるから、電流 I_{ab} は、

$$I_{ab} = 100/10 = 10 \text{〔A〕}$$

つぎにBC間の1相を考えれば、

$$I_{bc} = 100/20 = 5 \text{〔A〕}$$

まったく同様にCA間では $I_{ca}=10$〔A〕となり、大きさでは I_{ab} と等しくなる。

線路電流

つぎに位相関係を考えながら線路電流 I_a, I_b, I_c を求めてみよう。まず対称三相電圧 V_{ab}, V_{bc}, V_{ca} を描く。それには、V_{ab} を基準にとり、これから120°遅れて V_{bc} を、さらに120°遅れて V_{ca} を描く。負荷は純抵抗負荷であるから、I_{ab} は V_{ab} と同相に、以下同様に V_{bc} と同相に I_{bc} を、V_{ca} と同相に I_{ca} を描けばよい。これを図8・2に示す。

つぎにA点にキルヒホッフの第1法則を適用すれば、

$$I_a + I_{ca} = I_{ab}$$
$$\therefore I_a = I_{ab} - I_{ca}$$

つまり、線路電流 I_a は I_{ab} から I_{ca} をベクトル的に差し引いたものである。具体

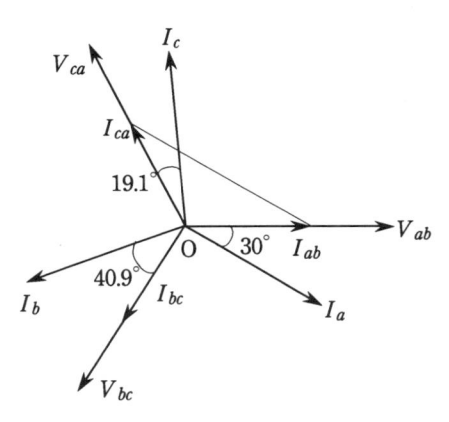

図8·2

にはI_{ca}の矢の頭とI_{ab}の矢の頭とを結んだものとなる．△$OI_{ab}I_{ca}$は二等辺三角形であり，頂角は120°であるから，図8·2でI_aがV_{ab}から遅れる角度は30°であることがすぐわかる．そして，I_aの大きさは $2I_{ab}\cos 30° = 2 \times 10 \times \sqrt{3}/2 = 17.3$〔A〕となる．

つぎにI_bがV_{bc}から遅れる角度であるが，それを求めるには図8·3のように△OI_{ab}

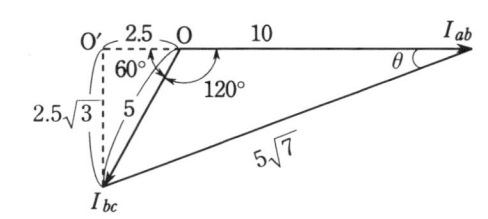

図8·3

I_{bc}について考えればよい．つまり直角三角形$O'I_{ab}I_{bc}$で斜辺は，

$$\sqrt{(10+2.5)^2 + (2.5\sqrt{3})^2} = \sqrt{12.5^2 + 3 \times 2.5^2} = 5\sqrt{7}$$

斜辺つまり大きさが求まったから，角度は，

$$\tan\theta = 2.5\sqrt{3}/12.5 = \sqrt{3}/5 = 0.3464$$

電卓により$\theta = 19.1°$であることがわかる．したがってI_bがV_{bc}から遅れる角度は $(60° - 19.1°) = 40.9°$ となるし，大きさは$5\sqrt{7}$〔A〕となる．最後にI_cであるが，これは図8·2をよくながめればわかるように，大きさはI_bとまったく相等しく，I_cのV_{ca}から遅れる位相は$\theta = 19.1°$である．このように三相のうち2相までは相等しい負荷でも各相に流れる電流の位相はまちまちとなるようすがわかるであろう．

8·2 非対称供給電圧の分解表示による方法 (1)

これは対称電圧・不平衡負荷の場合にも適用できる方法で，三つの線間電圧が複素数で与えられず，大きさのみで与えられたときに有効である．

いま，V_{ab}，V_{bc}，V_{ca}なる**非対称三相電圧**の数値のみが与えられ，三相負荷Z_a，Z_b，Z_cに供給される場合を考えよう．**電圧ベクトル図**は図8·4のようになろう．この図から各線間電圧が数式的に表現できれば，キルヒホッフの法則などの適用により解が得られるし，共通点（ない場合には仮の共通点）からの各電位が数式表示され

8・2 非対称供給電圧の分解表示による方法 (1)

共通点電位法 | れば，**共通点電位法**などが適用できて解が得られるであろう．

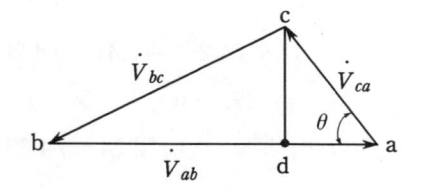

図8・4

まず前者の考え方であるが，図8・4から，（なおこの項ではベクトルであることをドット（˙）をつけた記号ではっきりさせる．）

$$V_{bc}^2 = V_{ab}^2 + V_{ca}^2 - 2V_{ab}V_{ca}\cos\theta$$

$$\cos\theta = \frac{V_{ab}^2 + V_{ca}^2 - V_{bc}^2}{2V_{ab}V_{ca}}$$

$$\sin\theta = \sqrt{1-\cos^2\theta}$$

$$\left.\begin{array}{l} \therefore\ \dot{V}_{ab} = V_{ab} \\ \therefore\ \dot{V}_{bc} = -(V_{ab} - V_{ca}\cos\theta) - jV_{ca}\sin\theta \\ \therefore\ \dot{V}_{ca} = -V_{ca}\cos\theta + jV_{ca}\sin\theta \end{array}\right\}$$

〔例16〕 図8・5の回路で $R_{ab} = R_{bc} = R_{ca} = 20$ 〔Ω〕の純抵抗で，$V_{ab} = 120$〔V〕，$V_{bc} = 100$〔V〕，$V_{ca} = 110$〔V〕ならば，線路電流 I_a, I_b, I_c はいくらか．

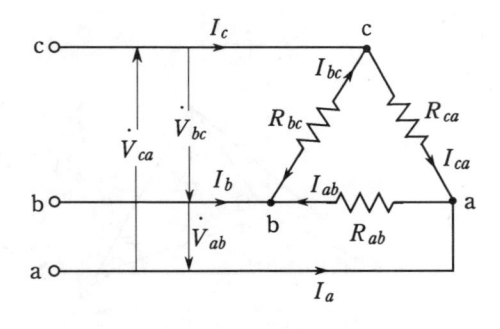

図8・5

〔解〕 図8・4において V_{ab} を基準にとれば，

$$\cos\theta = \frac{120^2 + 110^2 - 100^2}{2\times 120\times 110} = 0.63$$

$$\sin\theta = \sqrt{1-(0.63)^2} = 0.78$$

$$\therefore\ V_{ab} = 120\ 〔V〕$$

$$\dot{V}_{bc} = -(120 - 110\times 0.63) - j(110\times 0.78)$$
$$= -50.7 - j85.8$$

$$\dot{V}_{ca} = -(110\times 0.63) + j(110\times 0.78)$$
$$= -69.3 + j85.8$$

$$\therefore\ \dot{I}_{ab} = 120/20 = 6$$

$$\dot{I}_{bc} = \frac{-50.7 - j85.8}{20} = -2.54 - j4.29$$

$$\dot{I}_{ca} = \frac{-69.3 + j85.8}{20} = -3.47 + j4.29$$

$$\dot{I}_a = 6 - (-3.47 + j4.29) = 9.47 - j4.29$$

$$\dot{I}_b = (-2.54 - j4.29) - 6 = -8.54 - j4.29$$

$$\dot{I}_c = (-3.47 + j4.29) - (-2.54 - j4.29) = -0.93 + j8.58$$

$$\therefore I_a = \sqrt{(9.47)^2 + (4.29)^2} = 10.37 \, [\text{A}]$$

$$\therefore I_b = \sqrt{(8.54)^2 + (4.29)^2} = 9.58 \, [\text{A}]$$

$$\therefore I_c = \sqrt{(0.93)^2 + (8.58)^2} = 8.62 \, [\text{A}]$$

8·3 非対称供給電圧の分解表示による方法 (2)

電圧ベクトル三角形

非対称電圧 $\dot{V}_{ab}$, $\dot{V}_{bc}$, $\dot{V}_{ca}$ が供給される回路の**電圧ベクトル三角形**である図8·6の，O点を原点とする各線電位の複素表示を考えてみよう．V_{bc} から $\cos\theta$, $\sin\theta$ を求めるまではまったく前項と同じ手順をとればよい．

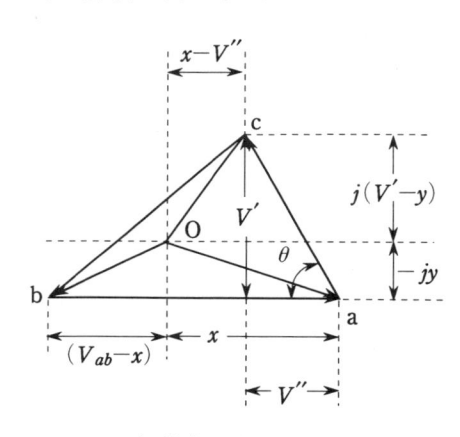

図8·6

ここで図の V', V'', x, y を考えると，

$$V' = V_{ca} \times \sin\theta = V_{ca} \times \sqrt{1 - \cos^2\theta}$$

$$V'' = V_{ca} \times \cos\theta$$

$$\therefore \dot{E}_{0a} = x - jy$$

$$\therefore \dot{E}_{0b} = (x - V_{ab}) - jy$$

$$\therefore \dot{E}_{0c} = (x - V_{ca}\cos\theta) + j(V_{ca} \times \sqrt{1 - \cos^2\theta} - y)$$

このままでは x, y が未知数であるから他の方程式によらねばならないが，これには電流の関係式から求めればよい．たとえば図8·7のようにY接続であれば，

$$\dot{I}_a + \dot{I}_b + \dot{I}_c = 0$$

8・4　誤接続と電圧ベクトル図解法の一例

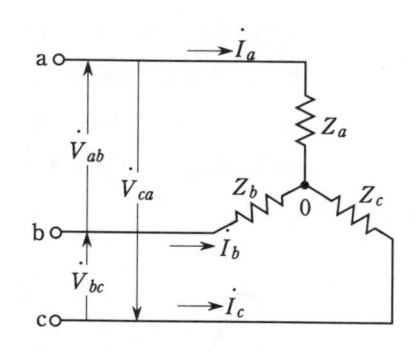

図8・7

$$\dot{I}_a = \frac{\dot{E}_{0a}}{\dot{Z}_a} = \frac{x - jy}{\dot{Z}_a}$$

$$\dot{I}_b = \frac{\dot{E}_{0b}}{\dot{Z}_b} = \frac{(x - V_{ab}) - jy}{\dot{Z}_b}$$

$$\dot{I}_c = \frac{\dot{E}_{0c}}{\dot{Z}_c} = \frac{(x - V_{ca}\cos\theta) + j(V_{ca}\sqrt{1-\cos^2\theta} - y)}{\dot{Z}_c}$$

この結果からいえることは，各電流の実数部の和，虚数部の和は0とならなければならないから，

$$\frac{x}{\dot{Z}_a} + \frac{x - V_{ab}}{\dot{Z}_b} + \frac{x - V_{ca}\cos\theta}{\dot{Z}_c} = 0$$

$$-\frac{y}{\dot{Z}_a} - \frac{y}{\dot{Z}_b} + \frac{V_{ca}\sqrt{1-\cos^2\theta} - y}{\dot{Z}_c} = 0$$

これからx, yの値を見出さなければならない．

8・4　誤接続と電圧ベクトル図解法の一例*

誤接続

〔例17〕　Y－Yに接続され2次側にV（線間電圧）なる対称三相電圧を発生している三相変圧器がある．いま1相の2次巻線の端子を相互反転し，図8・8のようにし，ab，bc間にRなる抵抗を接続した場合の，各2次巻線に流れる電流の大きさおよび位相を求めよ．

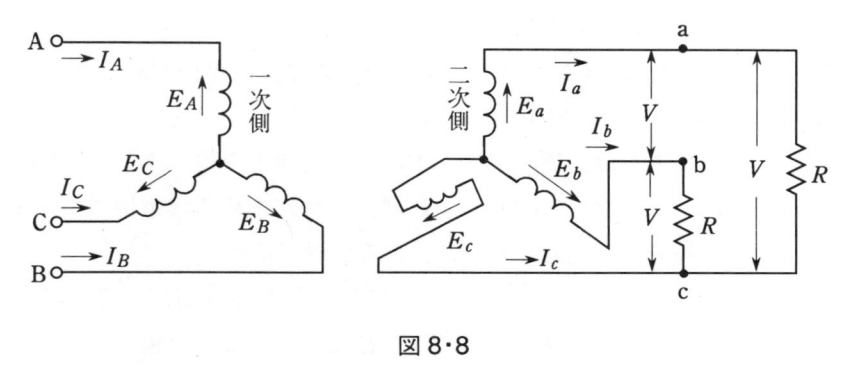

図8・8

＊　他の例については変圧器の誤接続そのほかを参照されたい．

8 ベクトル図法による解法

〔解説〕 題意には三相変圧器とあるが，3個の単相変圧器のY－Y接続あるいは外鉄形の三相変圧器とする．それは内鉄形の三相変圧器では磁束の不平衡と漏れ磁束のためにほとんど解き得ないからである（変圧器の書を参照のこと）．

図の矢印のように各起電力の正方向を定めると無負荷の場合には，図8・9のような**電圧ベクトル図**が得られる．

電圧ベクトル図

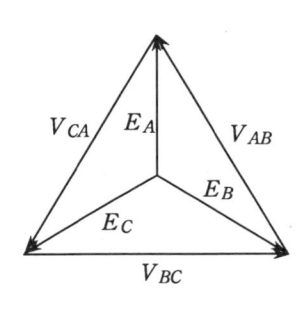

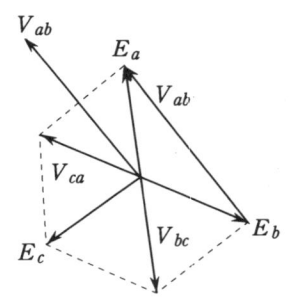

図8・9

そこで2次に負荷抵抗Rが接続され，電流が図8・8に記入したように通じたとすれば，電流のバランスは，

2次側において，　　$I_a + I_b + I_c = 0$ 　　　　　　　　　　(1)

1次側において，　　$I_A + I_B + I_C = 0$ 　　　　　　　　　　(2)

ところで巻数比をaとし，励磁電流を無視すれば，等AT（アンペアターン）の法則から，

$$I_A = \frac{I_a}{a}, \quad I_B = \frac{I_b}{a}, \quad I_C = -\frac{I_c}{a}$$

である．I_Cのみを$-I_c/a$とするのは，この巻線のみが相互反転しており，アンペア・ターン（AT）のバランスがとれなくなるためである．これらの関係を用いると，

$$\frac{I_a}{a} + \frac{I_b}{a} - \frac{I_c}{a} = 0$$

$$\therefore \quad I_a + I_b - I_c = 0$$

さて，(1)，(2)式を同時に満足するためには$I_c = 0$，したがって$I_a = -I_b$でなければならない．これがATをバランスさせるための条件である．すなわちI_aとI_bは絶対値が等しく位相が反対の電流でなければならない．

零電位点

ところで一体この状況を満足するためには，**零電位点**はどのように移動しなければならないであろうか．

図8・10はこの状況を示したもので，簡単のため1次三相電圧は対称であり巻線比aは2として描いてある．

描き方は，V_{AB}, V_{BC}, V_{CA}で正三角形を描き，C点より対辺ABに中線$\overline{Ch}$を引き，$\overline{Ch}$の2等分点をO'とすれば，これが求める零電位点である．図でただちにO'点が二等分点に見えないのは，目の錯覚である．

なぜならば，$\overline{O'C} = E_C$に対し，まず（2次電圧$-E_c$）は大きさは1/2 ($\overline{O'C} = \overline{O'h}$)でその位相は反対で，図の$-E_c$となる．他の2相は図のように$E_a$, E_bとなり，線間電圧はV_{ab}, V_{bc}, V_{ca}のようになり，図8・8により

$$I_a = \frac{V_{ac}}{R}, \quad I_b = \frac{V_{bc}}{R}$$

を考えれば，絶対値は等しく V_{ac} に対し V_{ca} とすれば，$-I_a$ となり，I_b とは位相反対であることからわかるわけである．

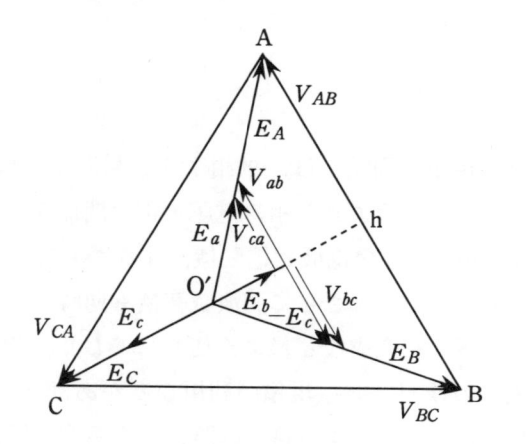

図8・10

〔問5〕 定格1次電圧3 000〔V〕，二次電圧200〔V〕の単相変圧器3個および抵抗 r_1, r_2 を図8・11のように接続し，その1次側に対称三相電圧3 000〔V〕を加えれば

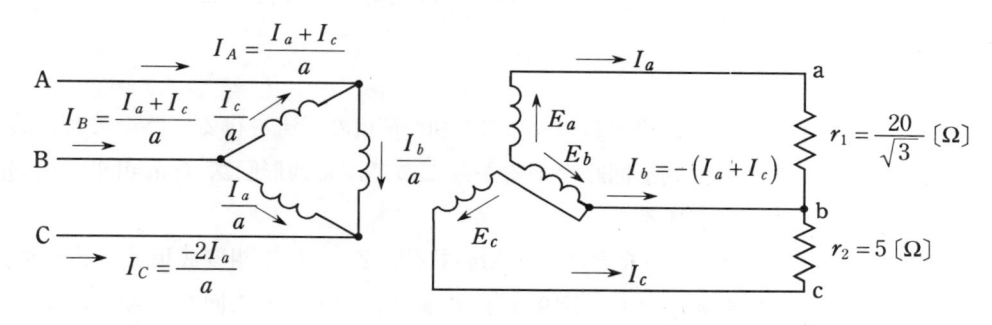

図8・11

A，B，Cおよびa，b，c各線に通ずる電流はいくらか．

ただし変圧器のインピーダンスおよび励磁電流は無視するものとする．

〔ヒント〕 図には与えられた題意以外の計算要領を示しておいた．またベクトル図は図8・12のようである．なおベクトル表示の記号は省略してあり，巻数比を a で表わしてある．

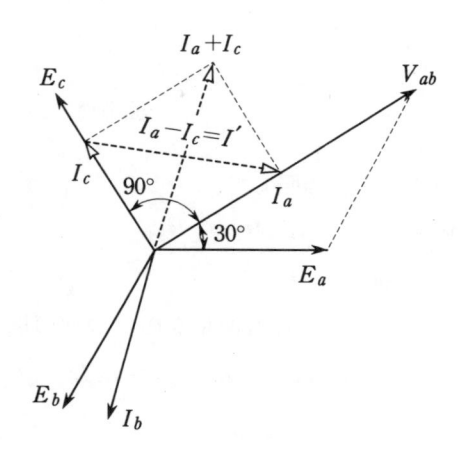

図8・12

9 相変成回路

相変成回路　　ここにいう**相変成回路**とは，単相より二相あるいは三相の電圧・電流の関係を得る回路，あるいは三相より二相の電圧・電流関係などを得る回路という意味である．このような変成は(1)発電機と電動機，すなわち回転磁界と静止磁界を利用すれば，どのような変成もでき，さらに周波数変換も同時に行えるし，(2)変圧器の接続による方法が三相→六相変成などによく使われており，(3)そのほか，くま取りコイルによる移動磁界の使用，共振現象の利用などがあげられるが，ここでは主として回路

移相回路　　素子の調整と接続を工夫する**移相回路**による相変成回路について示すことにする．

9・1 単相→二相電流の変換

　　これは移相回路によって，90°異相の電流を得る回路がこれに該当する．代表例と
並列形回路　　しての直列形回路があるが，ここでは**並列形回路**（parallel type circuit）について示すこととする．

　　いま　$Z = R + jX$；各相の負荷，Z_a, Z_b；相変成用インピーダンス，V_1, V_2；各相負荷電圧とし，図9・1(a)のように接続された回路を考えてみる．

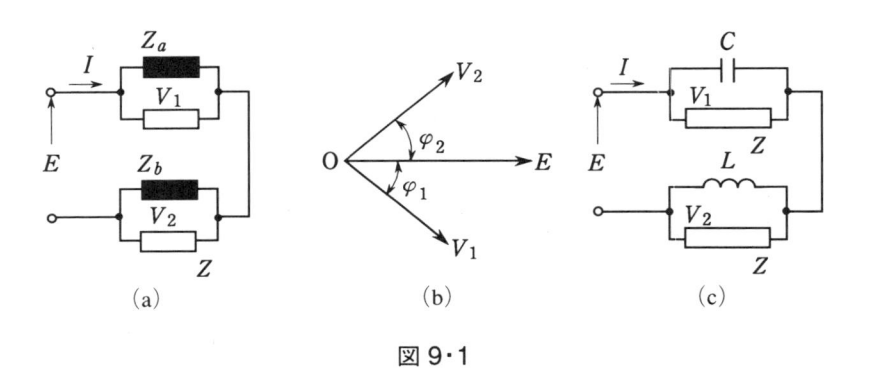

図9・1

条件としては図(b)を参照して，
$$E = V_1 + V_2 = V(\varepsilon^{-j\varphi_1} + \varepsilon^{j\varphi_2})$$
$$\varphi_1 + \varphi_2 = 90°$$
とすればよいわけで，もっとも簡単なのはつぎの場合である．
$$Z_a = -jx_c = 1/j\omega C, \quad Z_b = jx = j\omega L$$
$$V_1 = V\varepsilon^{-j\frac{\pi}{4}}, \quad V_2 = V\varepsilon^{+j\frac{\pi}{4}}$$

$$Z_1 = Z_a Z/(Z_a + Z) = Z_0 \varepsilon^{-j\varphi_1}$$
$$= x_c \{Rx_c - j(Z^2 - x_c X)\} / \{R^2 + (x_c - X)^2\}$$
$$\varphi_1 = \tan^{-1}(Z^2 - x_c X)/Rx_c = \pi/4$$
$$Z^2 - x_c X = Rx_c$$
$$Z_2 = Z_b Z/(Z_b + Z) = Z_0 \varepsilon^{j\varphi_2}$$
$$= x \{Rx + j(Z^2 + xX)\} / \{R^2 + (x + X)^2\}$$
$$\varphi_2 = \tan^{-1}(Z^2 + xX)/Rx = 45°$$
$$Z^2 + xX = Rx$$

これより

$$x_c = \frac{Z^2}{R+X}, \quad x = \frac{Z^2}{R-X}$$

$$Z_1 = Z_2 = \frac{Z^2}{2R}$$

が得られる．またこの場合の各相の電圧は，

$$V_1 = V_2 = \frac{E}{\sqrt{2}}$$

となる．図(c)参照．

9・2　単相→三相電流の変換

図9・2(a)のように平衡負荷 $Z = R + jX$ をYに接続し，それぞれのZへの流入電流I_1, I_2, I_3が対称三相電流となる関係を求めてみよう．それには，つぎの条件を満足すればよいのである（図(b)参照）．

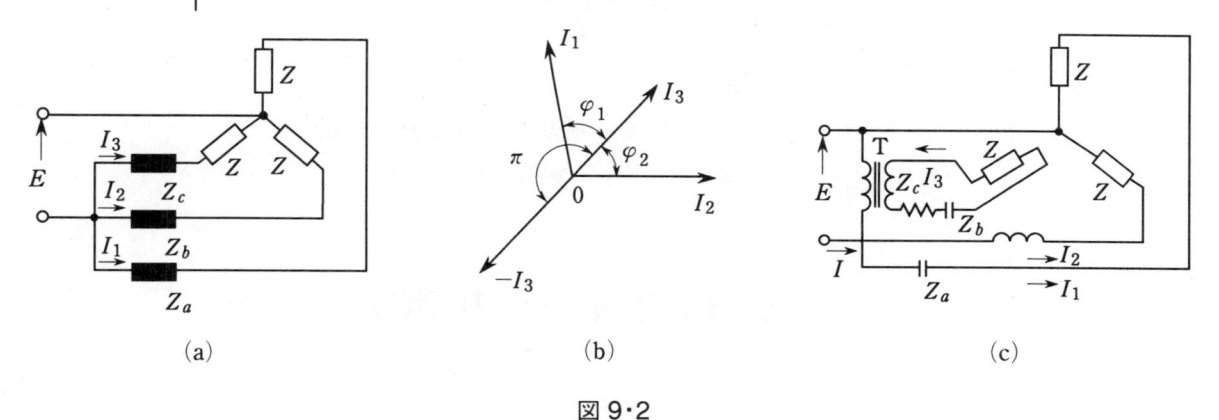

(a)　　　　　　　　　　(b)　　　　　　　　　　(c)

図9・2

$$I_1 = I\varepsilon^{j\varphi_1}, \quad I_2 = I\varepsilon^{-j\varphi_2}, \quad I_3 = I\varepsilon^{-j\varphi_3}$$
$$\varphi_1 = \varphi_2 = 60°, \quad \varphi_3 = 180°$$
$$\therefore \quad \varphi_1 + \varphi_2 = 120°, \quad \varphi_3 - \varphi_1 = 120°$$

いまつぎのようにおくことにする．

$$Z_a = -jx_{c1} = 1/j\omega C_1$$
$$Z_b = jx = j\omega L$$

$$Z_c = r - jx_{c3} = r + 1/j\omega C_3$$
$$Z_1 = Z_a + Z = R - j(x_{c1} - X) = Z_0 \varepsilon^{-j\varphi_1}$$
$$\varphi_1 = \tan^{-1}(x_{c1} - X)/R = 60°$$
$$Z_2 = Z_b + Z = R + j(x + X) = Z_0 \varepsilon^{j\varphi_2}$$
$$\varphi_2 = \tan^{-1}(x + X)/R = 60°$$
$$Z_3 = Z_c + Z = r + R - j(x_{c3} - X) = Z_0 \varepsilon^{j\varphi_3}$$
$$\varphi_3 = 0, \quad x_{c3} - X = 0$$

これらの式の関係そのままでは，各相電流間の位相差が60°であるからI_3を反転しなければならない．このためには負荷Zが（イ）コイルのように極性を有するときは逆接続とすればよい．（ロ）それが実現されない条件のときは図9・2(c)のように変成器Tを介して極性を逆にして，$x_{c3} - X = 0$ としてZ_3を無誘導とすれば目的を達することになる．

相変成 さて，**相変成**用の定数はつぎのようである．

$$\tan\frac{\pi}{3} = \frac{x_{c1} - X}{R} = \sqrt{3} \quad \therefore \quad x_{c1} - X = \sqrt{3}R$$

$$\therefore \quad x_{c1} = \sqrt{3}R + X \quad \therefore \quad C_1 = \frac{1}{\omega(\sqrt{3}R + X)}$$

$$\tan\frac{\pi}{3} = \frac{x + X}{R} = \sqrt{3} \quad \therefore \quad x + X = \sqrt{3}R$$

$$\therefore \quad x = \sqrt{3}R - X \quad \therefore \quad L = \frac{\sqrt{3}R - X}{\omega}$$

$$\tan\theta = \frac{x_{c3} - X}{r + R} = 0 \quad \therefore \quad x_{c3} - X = 0$$

$$\therefore \quad x_{c3} = X \quad \therefore \quad C_3 = \frac{1}{\omega X}$$

$Z_1 = Z_2 = Z_3$ から，
$$R^2 + (x_{c1} - X)^2 = R^2 + (r + X)^2 = (r + R)^2 = 4R^2$$
$$\therefore \quad r + R = 2R \quad \therefore \quad r = R$$

9・3 単相→三相電圧の変換

今度は図9・3(a)のように，平衡負荷 $Z = R + jX$ を△に接続し，それぞれのZの分担電圧が**対称三相電圧関係**となる条件を求めてみよう．それにはつぎの条件を満足させればよいのである（図(b)参照）．

$$E = V_1 + V_2 = V(\varepsilon^{j\varphi_1} + \varepsilon^{j\varphi_2}), \quad V_3 = -E = V\varepsilon^{-j\varphi_3}$$
$$\varphi_1 = \varphi_2 = 60°, \quad \varphi_3 = 180°$$
$$Z_a = -jx_c = 1/j\omega C, \quad Z_b = jx = j\omega L, \quad Z_c = \infty$$

9·3 単相→三相電圧の変換

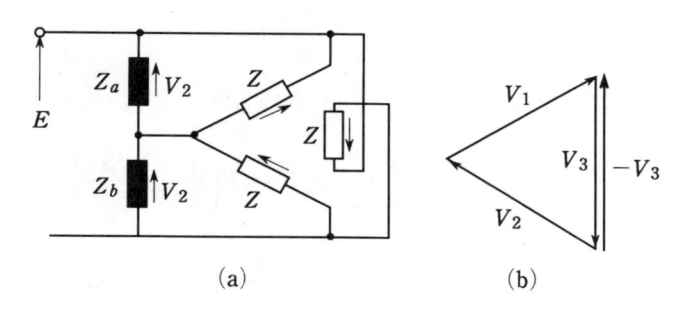

図9·3

いまV_1およびV_2にかかわるインピーダンスを考えると，それぞれZ_aとZおよびZ_bとZの並列回路であるから，

$$Z_1 = \frac{x_c\{x_c R - j(Z^2 - x_c X)\}}{R^2 + (x_c - X)^2} = Z_0 \varepsilon^{-j\varphi_1}$$

$$\varphi_1 = \tan^{-1}\frac{Z^2 - x_c X}{x_c R} = 60°$$

$$Z_2 = \frac{x\{xR + j(Z^2 + xX)\}}{R^2 + (x+X)^2} = Z_0 \varepsilon^{j\varphi_2}$$

$$\varphi_2 = \tan^{-1}\frac{Z^2 + xX}{xR} = 60°$$

これから，

$$\tan\frac{\pi}{3} = \frac{Z^2 - x_c X}{x_c R} = \sqrt{3}, \quad Z^2 = \sqrt{3}\,x_c R + x_c X$$

$$\therefore \quad x_c = \frac{Z^2}{\sqrt{3}\,R + X}$$

$$\tan\frac{\pi}{3} = \frac{Z^2 + xX}{xR} = \sqrt{3}, \quad Z^2 = \sqrt{3}\,xR - xX$$

$$\therefore \quad x = \frac{Z^2}{\sqrt{3}\,R - X}$$

これらの関係をZ_1, Z_2の式に代入すると，

$$Z_1 = \frac{x_c^2 R(1 - j\sqrt{3})}{R^2 + (X_c - X)^2} = \frac{Z^2(1 - j\sqrt{3})}{4R}$$

$$Z_2 = \frac{x^2 R(1 + j\sqrt{3})}{R^2 + (x+X)^2} = \frac{Z^2(1 + j\sqrt{3})}{4R}$$

$$\therefore \quad Z_1 + Z_2 = \frac{Z^2}{4R} + \frac{Z^2}{4R} = \frac{Z^2}{2R}$$

$$\therefore \quad I = \frac{E}{Z_1 + Z_2} = \frac{2R}{Z^2}E$$

これから，V_1, V_2, V_3 を求めると，

$$V_1 = IZ_1 = \frac{E}{2}(1 - j\sqrt{3}) = E\left(\frac{1}{2} - j\frac{\sqrt{3}}{2}\right) = E\varepsilon^{j\frac{\pi}{3}}$$

$$V_2 = \frac{E}{2}(1 + j\sqrt{3}) = E\left(\frac{1}{2} + j\frac{\sqrt{3}}{2}\right) = E\varepsilon^{-j\frac{\pi}{3}}$$

$$V_3 = V_1 + V_2 = E, \qquad |V_1| = |V_2| = |V_3| = |E|$$

となって対称三相電圧条件を満足していることがわかる．

〔例18〕 図9·4のように単相電源からコンデンサおよび誘導コイルを用いて，相等しい三つの負荷抵抗 R に120°ずつ位相の異なる三相交流を供給しようとする．コンデンサの静電容量 C およびコイルのインダクタンス L と負荷抵抗 R の関係を求めよ．

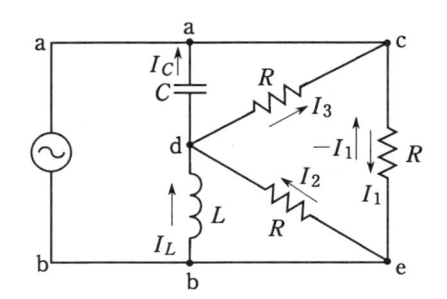

図9·4

〔解〕 ab間＝ce間の電圧を E とし，電流分布を図のように定め，$\omega = 2\pi f$，f；周波数とすれば，ベクトル図は図9·5のようになり，

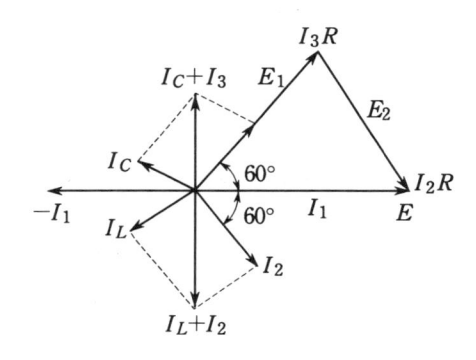

図9·5

$$-I_1 = E/R$$

$$I_3 = \frac{E}{\dfrac{-j\dfrac{1}{\omega C}R}{R - j\dfrac{1}{\omega C}} + \dfrac{j\omega L R}{R + j\omega L}} \times \frac{-j\dfrac{1}{\omega L}}{R - j\dfrac{1}{\omega L}} \qquad (1)$$

$$I_2 = \frac{E}{\dfrac{-j\dfrac{1}{\omega C}R}{R - j\dfrac{1}{\omega C}} + \dfrac{j\omega L R}{R + j\omega L}} \times \frac{j\omega L}{R + j\omega L} \qquad (2)$$

9・3 単相→三相電圧の交換

そうして題意を満足するためには，

$$I_2 = aI_3 \tag{3}$$

$$\left(\text{ただし} \quad a = -\frac{1}{2} + j\frac{\sqrt{3}}{2}, \quad 1+a+a^2 = 0\right)$$

なる式が成立するを要する．(1), (2)式を整理して(3)式に代入すると，

$$\frac{E\left\{j\omega L\left(R - j\frac{1}{\omega C}\right)\right\}}{-j\frac{R}{\omega C}(R+j\omega L) + j\omega LR\left(R - j\frac{1}{\omega C}\right)}$$

$$= \frac{aE\left\{-j\frac{1}{\omega C}(R+j\omega L)\right\}}{-j\frac{R}{\omega C}(R+j\omega L) + j\omega LR\left(R - j\frac{1}{\omega C}\right)}$$

$$\therefore \quad j\omega L\left(R - j\frac{1}{\omega C}\right) = \left(-\frac{1}{2} + j\frac{\sqrt{3}}{2}\right)\left(\frac{L}{C} - j\frac{R}{\omega C}\right)$$

$$\therefore \quad \frac{L}{C} + j\omega LR = \left(-\frac{L}{2} + \frac{\sqrt{3}R}{2\omega C}\right) + j\left(\frac{\sqrt{3}L}{2C} + \frac{R}{2\omega C}\right)$$

この式からつぎの2式が成立する．

$$\frac{L}{C} = -\frac{L}{2C} + \frac{\sqrt{3}R}{2\omega C} \tag{4}$$

$$\omega LR = \frac{\sqrt{3}L}{2C} + \frac{R}{2\omega C} \tag{5}$$

(4)式から $R = \sqrt{3}\,\omega L$

この結果を(5)式に代入して

$$\omega L = \frac{1}{\omega C}$$

$$\therefore \quad R = \sqrt{3}\,\omega L = 2\sqrt{3}\,\pi f L = \frac{\sqrt{3}}{\omega C} = \frac{\sqrt{3}}{2\pi fC}$$

モノサイクリック回路

注：**モノサイクリック回路**

すでに示した図9・3，図9・4などはモノサイクリック回路と呼ばれる．図9・6(a)のような接続で卓上扇風機などに使われ，図(b)はこれを描き換えたものである．図のようにリアクタンス X および無誘導抵抗 R を直列にし，両者の接続点 K を電動機の起動巻線 S で結び単相誘導電動機の動作巻線は M_1, M_2 のように配置され，S 巻線とともに，事実上，三相巻線を形づくるものである．

モノサイクリック (monocyclic) なる名称は Steinmetz 氏により与えられたものといわれるが，要するに単相電路から三相関係の電圧，電流を得る方法を意味するものであろう．

図9・6の接続から一見してわかるようにし V_1, V_2 間の相差は 90° よりも小さい．したがって，三相電圧関係といっても非対称である．

(a)   (b)

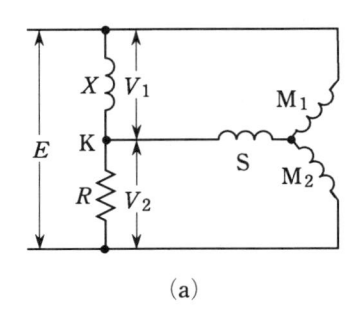

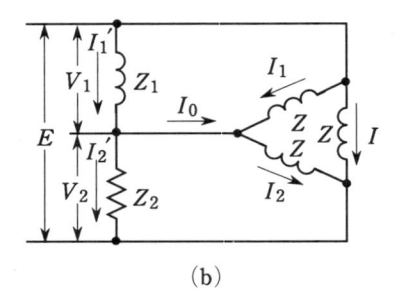

図 9·6

〔例 19〕 図9·7のような接続において，単相電源により端子abcに平衡三相交流電圧を得ようとする．Cを与えられたものとして，Rおよびrの値を求めよ．ただし電源の周波数をf〔Hz〕とし，またabcには電流を通じないものとする．

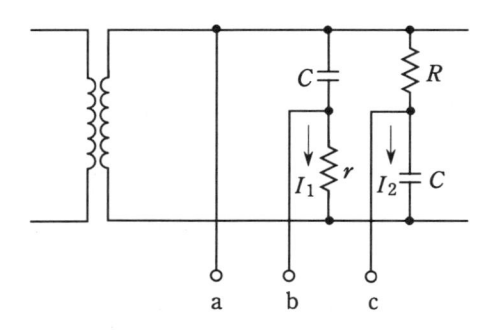

図 9·7

〔解説〕 単相電源の電圧をEとし，各分路の電流をI_1, I_2, $\omega=2\pi f$とすれば，

$$I_1 = \frac{E}{\left(r - j\dfrac{1}{\omega C}\right)}, \quad I_2 = \frac{E}{\left(R - j\dfrac{1}{\omega C}\right)}$$

このベクトル図は図9·8のようになり，ab間，bc間，ca間の電圧をそれぞれV_{ab}, V_{bc}, V_{ca}とすれば，

$$V_{ab} = I_1 \times \left(-j\frac{1}{\omega C}\right) = \frac{-j\dfrac{1}{\omega C}E}{\left(r - j\dfrac{1}{\omega C}\right)}$$

$$V_{bc} = I_1 r - I_2\left(-j\frac{1}{\omega C}\right) = \frac{rE}{r - j\dfrac{1}{\omega C}} + \frac{j\dfrac{1}{\omega C}E}{R - j\dfrac{1}{\omega C}}$$

$$= \frac{r\left(R - j\dfrac{1}{\omega C}\right) + j\dfrac{1}{\omega C}\left(r - j\dfrac{1}{\omega C}\right)}{\left(r - j\dfrac{1}{\omega C}\right)\left(R - j\dfrac{1}{\omega C}\right)} E$$

$$V_{ca} = -I_2 R = \frac{-ER}{R - j\dfrac{1}{\omega C}}$$

9・3 単相→三相電圧の変換

さて，V_{ab}，V_{bc}，V_{ca} が対称三相電圧であるためには，a を乗ずるとベクトルを反時計式に120°進めることを考え，V_{ab} を基準ベクトルにとれば，図9・8から

$$V_{bc} = a^2 V_{ca} \quad \text{ただし} \quad a^2 = (-1 - j\sqrt{3})/2$$

でなければならないわけで，次式が得られる．

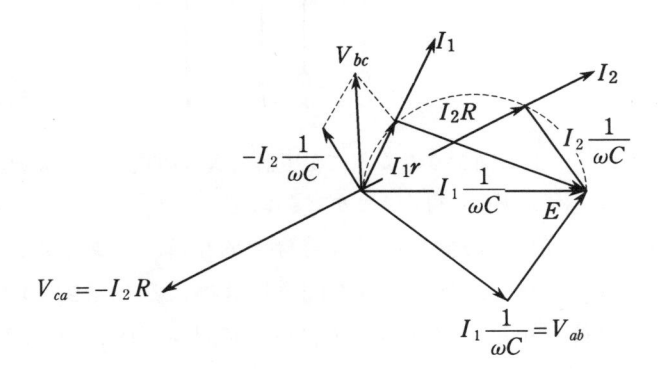

図9・8

$$\frac{r\left(R - j\dfrac{1}{\omega C}\right) + j\dfrac{1}{\omega C}\left(r - j\dfrac{1}{\omega C}\right)}{\left(r - j\dfrac{1}{\omega C}\right)\left(R - j\dfrac{1}{\omega C}\right)} E = \left(-\frac{1}{2} - j\frac{\sqrt{3}}{2}\right) \cdot \frac{-RE}{R - j\dfrac{1}{\omega C}}$$

$$\therefore \quad \frac{r\left(R - j\dfrac{1}{\omega C}\right) + j\dfrac{1}{\omega C}\left(r - j\dfrac{1}{\omega C}\right)}{\left(r - j\dfrac{1}{\omega C}\right)} = \frac{R}{2} + j\frac{\sqrt{3}}{2} R$$

そこで，それぞれ実部数，虚数部を等しく置いて整理すれば，

$$rR + \frac{1}{\omega^2 C^2} = \frac{rR}{2} + \frac{\sqrt{3}\, R}{2\omega C}$$

$$\frac{\sqrt{3}\, Rr}{2} = \frac{R}{2\omega C}$$

$$\therefore \quad r = \frac{1}{\sqrt{3}\,\omega C} = \frac{1}{2\sqrt{3}\,\pi f C}$$

$$\therefore \quad R = \frac{\sqrt{3}}{\omega C} = \frac{\sqrt{3}}{2\pi f C}$$

注： 上の解はベクトル図を描いてから算式を立てたので相順がはっきりしていたのであるが，算式だけに頼る場合には，たとえば $V_{bc} = a V_{ca}$ とすると，

$$\frac{-R}{\omega C} + \sqrt{3}\,\frac{1}{\omega^2 C^2} = -2\frac{R}{\omega C}$$

$$\frac{-\sqrt{3}\, R}{\omega C} - \frac{1}{\omega^2 C^2} = 2rR$$

が要求され R や r は正の値に限るから，上式が成立するためには $1/\omega C$ が負でなくてはならない．すなわち題意に反する答を条件としなければならなくなる．注意すべき点である．

9 相変成回路

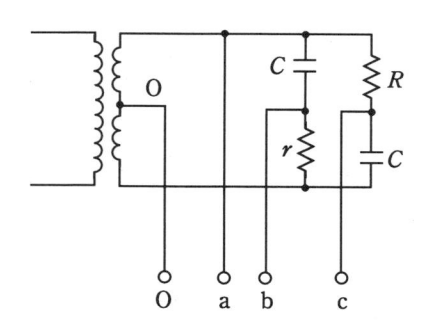

図9·9

星形電圧　　なお図9·9のように変圧器二次の中点Oから共通線を出せば，**星形電圧** V_{Oa}, V_{Ob}, V_{Oc} を得ることができる．

〔**別解**〕　前記は j 記号法による標準的な解法であるが，ベクトル図の演習の意味で，別解を示そう．与えられた図を描き換えると**図9·10**のようで，a, b, c端子の電圧が対称三相電圧であるためには $|V_{ab}|=|V_{ca}|$ で，しかも V_{ab} と V_{ac} と相差が

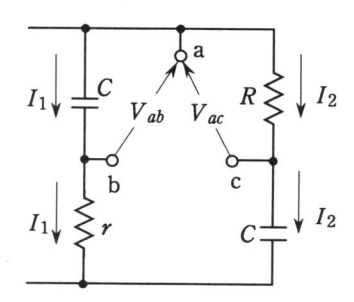

図9·10

$\angle\mathrm{cab}=180°-120°=60°$ でなければならない（**図9·11図参照**）．すなわちつぎの関係式が成立する．

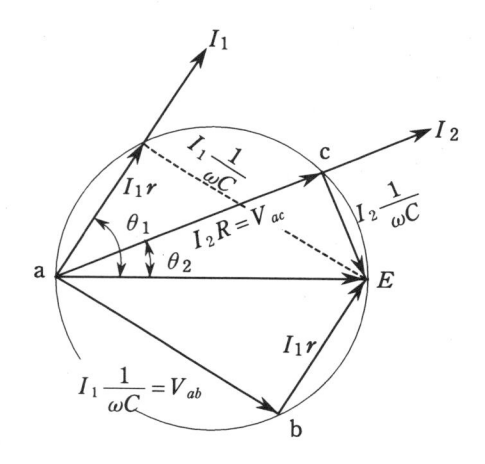

図9·11

$$|V_{ab}|=\frac{I_1}{\omega C}=|V_{ac}|=I_2 R$$

$$\frac{1}{\omega C}\cdot\frac{E}{\sqrt{r^2+\left(\frac{1}{\omega C}\right)^2}}=R\frac{E}{\sqrt{r^2+\left(\frac{1}{\omega C}\right)^2}} \qquad(1)$$

$\angle\mathrm{cab}=90°-\theta_1+\theta_2=60°$

$$\theta_1-\theta_2=30° \qquad(2)$$

9·3 単相→三相電圧の変換

$$\frac{R^2}{R^2+\left(\frac{1}{\omega C}\right)^2}=\frac{\left(\frac{1}{\omega C}\right)^2}{r^2+\left(\frac{1}{\omega C}\right)^2}$$

あるいは

$$1+\frac{\left(\frac{1}{\omega C}\right)^2}{R^2}=1+\frac{r^2}{\left(\frac{1}{\omega C}\right)^2}$$

$$\therefore \left(\frac{1}{\omega C}\right)^2=rR \tag{3}$$

また

$$\tan(\theta_1-\theta_2)=\frac{\tan\theta_1-\tan\theta_2}{1+\tan\theta_1\tan\theta_2}=\frac{\frac{1}{\omega C}-\frac{1}{\omega C}}{1+\frac{1}{\omega C}\cdot\frac{1}{\omega C}}$$

$$=\frac{\frac{1}{\omega C}(R-r)}{rR+\left(\frac{1}{\omega C}\right)^2} \tag{4}$$

(2)および(3)式に(4)式を入れると，

$$\frac{1}{\sqrt{3}}=\frac{\frac{1}{\omega C}(R-r)}{2\left(\frac{1}{\omega C}\right)^2} \quad \text{あるいは} \quad R-r=\frac{2}{\sqrt{3}}\cdot\frac{1}{\omega C} \tag{5}$$

また(3)式に(5)式の関係を入れると，

$$\left(\frac{1}{\omega C}\right)^2=rR=\left(r+\frac{2}{\sqrt{3}}\cdot\frac{1}{\omega C}\right)r$$

あるいは $\quad r^2+2r\dfrac{\frac{1}{\omega C}}{\sqrt{3}}-\left(\dfrac{1}{\omega C}\right)^2=0$

あるいは $\quad \left(r+\dfrac{\frac{1}{\omega C}}{\sqrt{3}}\right)^2-\dfrac{4}{3}\left(\dfrac{1}{\omega C}\right)^2=0$

$$\therefore r=\frac{\frac{1}{\omega C}}{\sqrt{3}}=\frac{1}{\sqrt{3}\,\omega C} \quad \therefore R=\frac{\left(\frac{1}{\omega C}\right)^2}{r}=\frac{\sqrt{3}}{\omega C}$$

9・4 三相電圧→二相電流の変換

〔例20〕 それぞれ x〔Ω〕のリアクタンスと X〔Ω〕の可変リアクタンスを図9・12のように接続し，これに対称三相電圧を加えたとき，a相とb相に通ずる電流を等しくして，かつ，90°の相差を得ようとするためには X の値はいくらでなければならないか．

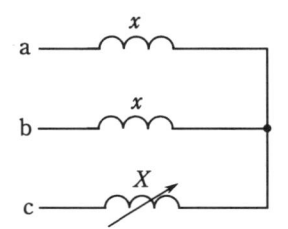

図9・12

〔解説〕 相回転をa，b，cとし各部の電圧，電流を図9・13のように定めると，つぎの関係式を得る．

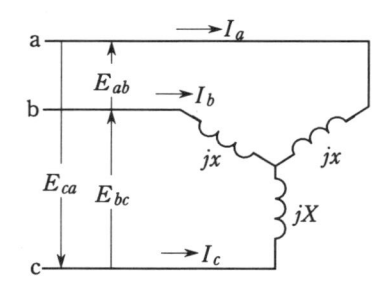

図9・13

$$E_{ab} = jxI_a - jxI_b$$
$$E_{bc} = jxI_b - jxI_c$$
$$I_a + I_b + I_c = 0$$

この式を解いて I_a，I_b，I_c を求めると（演算省略），

$$I_a = \frac{jXE_{ab} - jxE_{ca}}{jx \cdot jx + jx \cdot jX + jX \cdot jx} = \frac{E_{ab}jX - E_{ca}jx}{-x^2 - 2xX}$$

$$I_b = \frac{E_{bc}jx - E_{ab}jX}{-x^2 - 2xX}$$

$$I_c = \frac{E_{ca}jx - E_{bc}jx}{-x^2 - 2xX}$$

つぎに $\quad E_{ab} = E, \quad E_{bc} = \left(-\frac{1}{2} - j\frac{\sqrt{3}}{2}\right)E$

$$E_{ca} = \left(-\frac{1}{2} + j\frac{\sqrt{3}}{2}\right)E$$

とおいて，前の各式に代入し，さらに題意により $|I_a| = |I_b|$，かつ，両者間を90°の相差とするためには，$I_a/I_b = j$ であることを考慮して計算するとつぎのようになる．

$$I_a = \frac{jE\left\{X - \left(-\frac{1}{2} + j\frac{\sqrt{3}}{2}\right)x\right\}}{-x^2 - 2xX}$$

$$I_b = \frac{jE\left\{x\left(-\frac{1}{2} - j\frac{\sqrt{3}}{2}\right) - X\right\}}{-x^2 - 2xX}$$

$I_a = jI_b$ であるためには，上式で｛ ｝内のみについてこの条件を満足すればよいから，

$$X + \frac{1}{2}x - j\frac{\sqrt{3}}{2}x = j\left\{-\frac{1}{2}x + j\frac{\sqrt{3}}{2}x - X\right\}$$
$$= -j\frac{x}{2} + \frac{\sqrt{3}}{2}x - jX$$
$$= \frac{\sqrt{3}}{2}x - j\left(X + \frac{x}{2}\right)$$

この等式が成り立つためには，実数部，虚数部ともに等しくなければならないから，

実数部 $\quad X + \frac{x}{2} = \frac{\sqrt{3}}{2}x \quad \therefore X = \left(\frac{\sqrt{3}-1}{2}\right)x$

実数部 $\quad \frac{\sqrt{3}}{2}x = X + \frac{x}{2} \quad \therefore X = \left(\frac{\sqrt{3}-1}{2}\right)x$

この二つの関係から導かれる条件は共通であるから，題意は，これによって満足されることを知る．

〔問6〕 図9・14のように抵抗10〔Ω〕のR_1，R_2の抵抗および可変抵抗R_3を星形に接続し，これに線間電圧200〔V〕の対称三相電圧を加える．この場合，R_1とR_2とに通ずる電流の間の位相差を90°にするためにはR_3の抵抗の値をいくらにすればよいか．

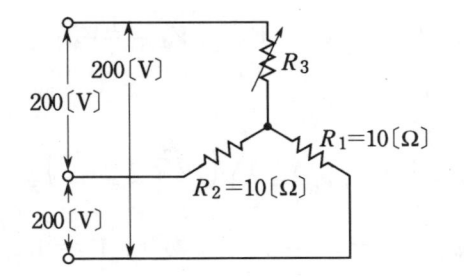

図9・14

9・5 三相→二相電圧の変換

スコット結線 この変換としては変圧器の接続方法を工夫する Scott 結線，Meyer 結線，Woodbridge 結線が有名であるが，ここでは **Scott 結線**について示してみよう．

二相電圧　図9・15が1次側の結線を示したもので，二次側は**二相電圧**を発生している部分に対応して二次巻線を用意すればよいわけである．

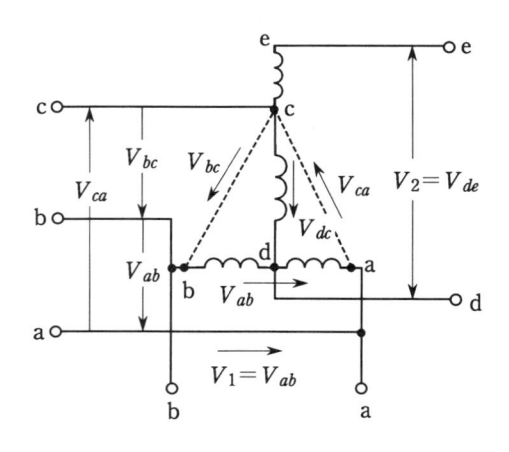

図9・15

いま対称三相電圧を図9・16のベクトル図のようにし $\dot{V}_{ab}=V\varepsilon^{j0}$, $\dot{V}_{bc}=V\varepsilon^{-j\frac{2\pi}{3}}$, $\dot{V}_{ca}=V\varepsilon^{-j\frac{3\pi}{4}}$ とし，$\dot{V}_{dc}$ は図9・16に示した電圧ベクトル三角形の頂点 c と底辺 ab の中点 d との間の電圧差とする（なお混乱を避けるためにこの節ではベクトル量は記号の上にドット（˙）を付すこととする）．

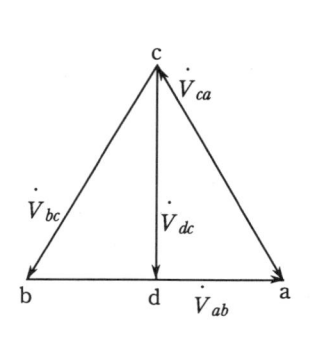

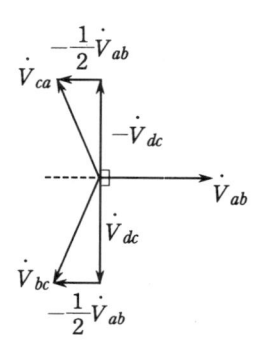

図9・16

すると，これらから

$$\dot{V}_{bc}=\dot{V}_{dc}-\frac{1}{2}\dot{V}_{ab}, \quad \dot{V}_{ca}=-\dot{V}_{dc}-\frac{1}{2}\dot{V}_{ab}$$

これらから $\dot{V}_{dc}$ を求めると，

$$\dot{V}_{dc}=\frac{1}{2}(\dot{V}_{bc}+\dot{V}_{ca})\cdot\frac{1}{2}V\left(\varepsilon^{-j\frac{2\pi}{3}}-\varepsilon^{-j\frac{4\pi}{3}}\right)=-j\frac{\sqrt{3}}{2}V$$

さて　$\dot{V}_{de}=\dot{V}_{dc}+\dot{V}_{ce}=\dot{V}_2$　であり，$V_2=V$ とおけば，

$$V_{dc}=-j\frac{\sqrt{3}}{2}V=-j\frac{\sqrt{3}}{2}V_2$$

$$\therefore \dot{V}_{ab}=\dot{V}_1=V, \quad \therefore \dot{V}_{de}=\dot{V}_2=\frac{2}{\sqrt{3}}\dot{V}_{dc}=-j\frac{2}{\sqrt{3}}\cdot\frac{\sqrt{3}}{2}V=-jV$$

二相電圧　すなわち V_{ab} と V_{de} とは**二相電圧**であることを知る．

実際の結線は図9・15で等しい巻数の ab と ed 巻線を用い，ab の中央点 d に de の一端を接続し，de は $\sqrt{3}/2$ の巻数のところにタップを設けて，図のように接続すれば

よいので，abc端子に三相電圧を印可し，abおよびed端子より二相電圧を得るものである．

9・6 変圧器による対称三相式 ⇄ 対称六相式の変成

図9・17のように互に逆極性の巻数比の等しい巻線を有する変圧器を用いると簡単に180°位相の異なる電圧を得ることができる．この方法によって，対称三相式から

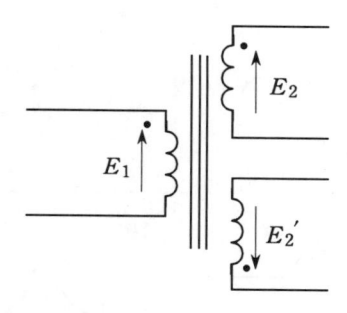

図9・17

対称六相式（相互位相角 $120°/2 = 60°$）の電圧を得ることはきわめて容易で，また逆に対称六相式から対称三相式の電圧に変成し得ることも同様であろう．

図9・18は，このことを**電位地形図**の立場から代表的な結線方式について示したものである．

たとえば（イ）図で1-4，3-6，5-2間の電圧 $\dot{V}_{14}$, $\dot{V}_{36}$, $\dot{V}_{52}$ はそれぞれ（ニ）図のベクトル $\overleftarrow{14}, \overleftarrow{36}, \overleftarrow{52}$ で示され，対称三相式であることに着目すれば，**対角結線法**により対称三相式が得られる．

9 相変成回路

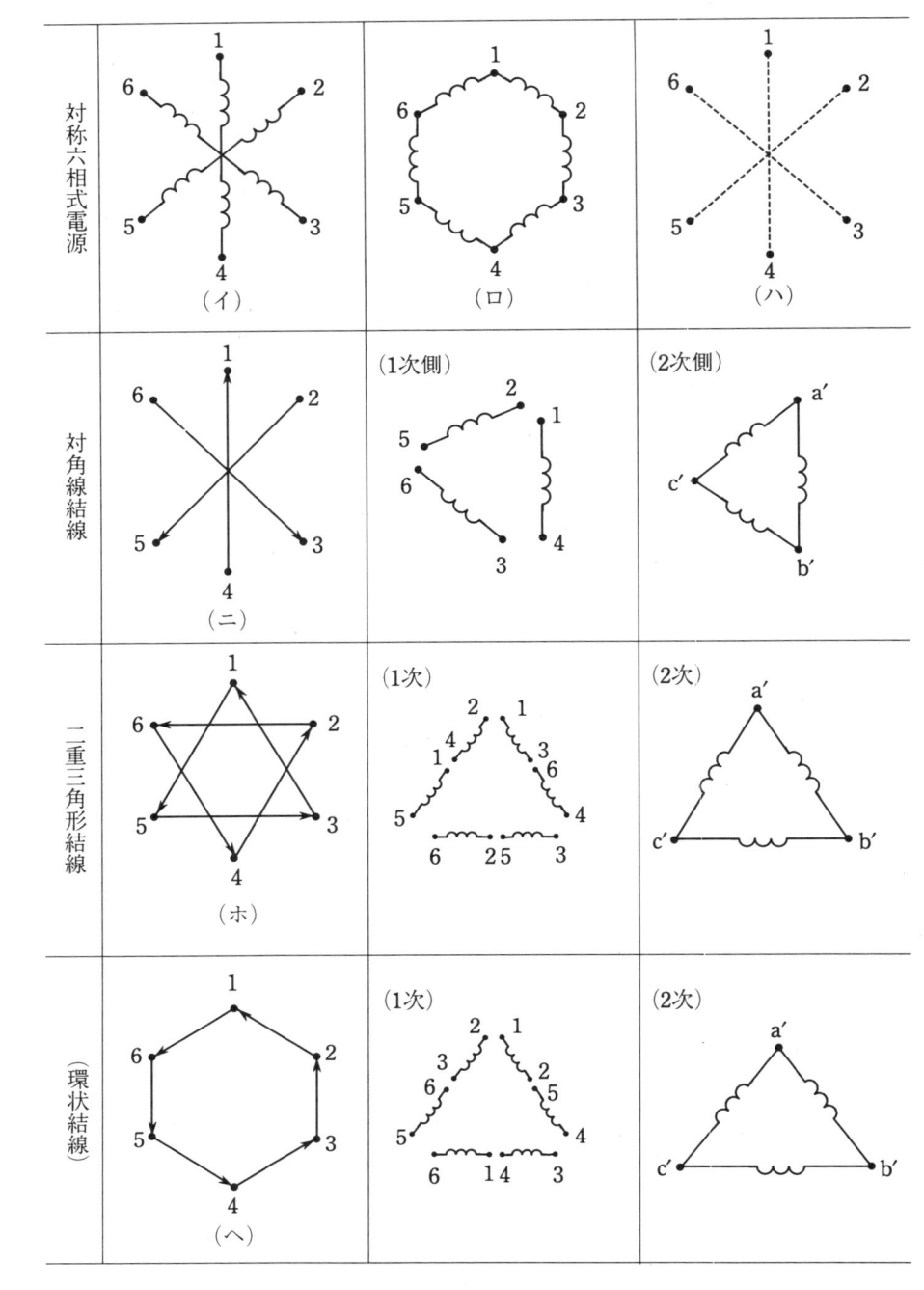

対称六相式電源	対称六相式電源 (イ)	(ロ)	(ハ)
対角線結線	対角線結線 (ニ)	(1次側)	(2次側)
二重三角形結線	二重三角形結線 (ホ)	(1次)	(2次)
環状結線	(環状結線) (ヘ)	(1次)	(2次)

図 9·18

　すなわち1,4間にNo.1変圧器の一次を,3,6間および5,2間にそれぞれ極性を考慮してNo.2,No.3変圧器の一次を接続し,そののち二次を適当に結線すれば対称三相式が得られることは明らかであろう.

　また,電位地形図から明らかなように －(ホ)図参照－, $\dot{V}_{13}, \dot{V}_{35}, \dot{V}_{51}$ はそれぞれベクトル $\overleftarrow{13}, \overleftarrow{35}, \overleftarrow{51}$ で対称三相式となり, $\dot{V}_{46}, \dot{V}_{62}, \dot{V}_{24}$ はそれぞれベクトル $\overleftarrow{46}, \overleftarrow{62}, \overleftarrow{24}$ であって,これまた対称三相式となる.

　そうして $\dot{V}_{46}$ は $\dot{V}_{13}$ と, $\dot{V}_{62}$ は $\dot{V}_{35}$ と, $\dot{V}_{24}$ は, $\dot{V}_{51}$ といずれも180°の相差を有することに注目すれば,二重三角結線により,対称三相式が得られる.

　すなわち,各変圧器の一次側を二部分に分け,各端子をすべて同記号の相当電源

9·6 変圧器による対称三相式 ⇄ 対称六相式の変成

端子に接続すれば二重三角結線となり,この二次側を適当に結線すれば対称三相式となる.

さて前記の事柄を逆に適用して,図9·18の電源側6端子を負荷端子,二次側の3端子を電源端子とすれば,それぞれ,対角結線,二重三角結線,環状結線により対称三相式を対称六相式に変成し得ることは明らかであろう.

〔問題の答〕

〔問1〕 E_1 を基準とし,相回転の順を E_1, E_2, E_3, 求める電位を E_0 とすると,

$$E_0 = \frac{Y_1 + a^2 Y_3 + a Y_2}{Y_1 + Y_2 + Y_3} E_1$$

〔注〕 a や a^2 に数値を入れて式を整理することもできるが,Y_1, Y_2, Y_3 が複素量であり,再整理しなければ計算上の便利は得られない.

〔問2〕 電源中性点 O と負荷中性点 O′ との間の電圧を $\dot{V}_{00'}$ とすれば,

$$\dot{V}_{00'} = \frac{\dfrac{\dot{V}_1}{r_1} + \dfrac{\dot{V}_2}{r_2} + \dfrac{\dot{V}_3}{r_3}}{\dfrac{1}{r_1} + \dfrac{1}{r_2} + \dfrac{1}{r_3}}$$

与えられた条件および数値を代入すれば,

$$\dot{V}_{00'} = \frac{1\,000\left(\dfrac{13}{20} - j\dfrac{2\sqrt{3}}{20}\right)}{17} = \frac{100(6.5 - j\sqrt{3} \times 1.5)}{17}$$

$$|\dot{V}_{00'}| = \frac{100\sqrt{42.25 + 6.75}}{17} = \frac{100\sqrt{49}}{17} = \frac{700}{17} = 41.18 \text{ [V]}$$

〔問3〕
〔答〕 $|I_g| = \sqrt{3}\,\omega C_0 E_0$,諸記号は〔ヒント〕の図面を参照されたい.

〔問4〕

〔答〕 $|I_{g1}| = \dfrac{V}{2}\sqrt{\dfrac{9\omega^2 C^2 R_2^2 + (2 + \sqrt{3}\,\omega C R_2)^2}{(R_1 + R_2)^2 + 9\omega^2 C^2 R_1^2 R_2^2}}$ 〔A〕

$|I_{g2}| = \dfrac{V}{2}\sqrt{\dfrac{9\omega^2 C^2 R_1^2 + (2 - \sqrt{3}\,\omega C R_1)^2}{(R_1 + R_2)^2 + 9\omega^2 C^2 R_1^2 R_2^2}}$ 〔A〕

$|V_a| = \dfrac{V}{2}\sqrt{\dfrac{3(R_1 + R_2)^2 + (R_2 - R_1 + 2\sqrt{3}\,\omega C R_1 R_2)^2}{(R_1 + R_2)^2 + 9\omega^2 C^2 R_1^2 R_2^2}}$ 〔V〕

諸記号は〔ヒント〕の図面を参照されたい.

〔問5〕
〔答〕 諸記号は〔ヒント〕および図を参照して,

$I_a = V_{ab}/r_1 = 200\sqrt{3}\,/20\sqrt{3} = 30$ 〔A〕

$I_c = E_c/r_2 = 200/5 = 40$ 〔A〕

$$I_b = \sqrt{I_a^2 + I_c^2} = \sqrt{30^2 + 40^2} = 50 \text{ [A]}$$

$$I_A = I'/a = 50/15 = 3.33 \text{ [A]}$$

$$\therefore \quad I' = \sqrt{30^2 + 40^2} = 50 \text{ [A]}$$

$$I_B = I_b/a = 50/15 = 3.33 \text{ [A]}$$

$$I_C = 2I_a/a = 60/15 = 4 \text{ [A]}$$

〔問6〕

〔解説〕 R_1, R_2, R_3 に加わる電圧ベクトルをそれぞれ $\overline{OA}$, $\overline{OB}$, $\overline{OC}$ で表わすと，題意を満足する場合には図9・19のように△ABCは正三角形，∠AOB = 90°となり，

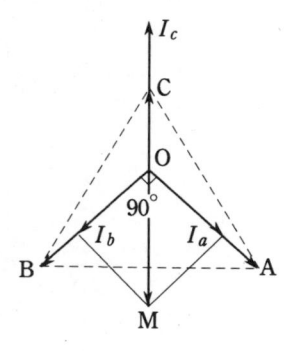

図9・19

R_1, R_2, R_3 の電流 I_a, I_b, I_c も図のようになり

$$I_c = -(I_a + I_b)$$

この電流を求めるため，まず電圧を求めると

$$OA = OB = \frac{AB}{\sqrt{2}} = \frac{200}{\sqrt{2}} = 100\sqrt{2} \ (\fallingdotseq 141) \text{ [V]}$$

$$OC = CD - OD = \frac{\sqrt{3}}{2}BC - \frac{1}{2}AB = 200 \times \frac{\sqrt{3}}{2} - 100$$
$$= 173.2 - 100 = 73.2 \text{ [V]}$$

$$\therefore \quad |I_c| = |I_a + I_b| = \sqrt{2}|I_a| = \sqrt{2} \times \frac{OA}{R_1} = \sqrt{2} \times \frac{100\sqrt{2}}{10} = 20 \text{ [A]}$$

ところが一方では I_c と R_3 の関係は

$$|I_c| = \frac{OC}{R_3} = \frac{73.2}{R_3} = 20$$

$$\therefore \quad R_3 = \frac{73.2}{20} = 3.66 \fallingdotseq 3.7 \text{ [Ω]}$$

索 引

英字

3端子回路網	4
Y回路	5

ア行

移相回路	46

カ行

仮想共通点	30, 38
環状結線	10, 60
起電力	12
共通点電位	21, 30
共通点電位法	41
キルヒホッフ第一法則	15
キルヒホッフ第二法則	15
キルヒホッフの法則	2, 3, 4
故障電流	33
誤接続	43
高圧三相式配電線路	36

サ行

三相3線式	17
三相4線式	16
三相4線式電源	23
三相不平衡	39
残留電圧	27, 28, 29
循環電流	11
消弧リアクトル	28, 34, 35
スコット結線	57
正弦波電位の地形図	9
接地インピーダンス	34
線路電流	17, 18, 39
相差	10
相変成	48
相変成回路	46

タ行

多相交番起電力	9
対角結線法	59
対角線結線	60
対称座標法	2
対称三相電圧	48
対称六相式	59
対称六相式電源	60
対地充電電流	33
対地電位	30
対地容量	27
地形図	8, 21
地絡電流	32, 33, 34, 36
中性点	12
直列共振	28
抵抗負荷	39
電圧ベクトル三角形	42
電圧ベクトル図	40, 44
電位を示すベクトル	8
電位差	10, 15
電位地形図	10, 11, 25, 59
トポグラフ	9

ナ行

二重三角形結線	60
二相3線式電源	24
二相電圧	58
撚架	29

ハ行

非接地式地中送電線路	37
非対称	1
非対称三相電圧	40
不平衡	1
不平衡負荷	23
負荷環状結線	13
負荷星形結線	13

索 引

負荷端子点 17
ベクトル図形 13
ベクトル図法 2
平衡負荷共通点 17
並列共振 34
並列形回路 46
鳳・テブナンの定理 2, 32, 36
星形結線 10, 11
星形結線の多相電源 13
星形電圧 54
星形不平衡負荷 30

マ行

ミルマンの定理 15
モノサイクリック回路 51

ラ行

リアクトル 6
零電位 11, 13
零電位点 44

d-book
不平衡三相回路と相変成回路

2000年7月13日　第1版第1刷発行

著　者　　森澤一榮
発行者　　田中久米四郎
発行所　　株式会社　電気書院
　　　　　（〒151-0063）
　　　　　東京都渋谷区富ケ谷二丁目2-17
　　　　　電話　03-3481-5101（代表）
　　　　　FAX　03-3481-5414
制　作　　久美株式会社
　　　　　（〒604-8214）
　　　　　京都市中京区新町通り錦小路上ル
　　　　　電話　075-251-7121（代表）
　　　　　FAX　075-251-7133

印刷所　　創栄印刷株式会社
ⓒ2000kazueMorisawa　　　　　　　　　　　Printed in Japan
ISBN4-485-42907-5　　　　　　　　　［乱丁・落丁本はお取り替えいたします］

〈日本複写権センター非委託出版物〉

　本書の無断複写は，著作権法上での例外を除き，禁じられています．
　本書は，日本複写権センターへ複写権の委託をしておりません．
　本書を複写される場合は，すでに日本複写権センターと包括契約をされている方も，電気書院京都支社（075-221-7881）複写係へご連絡いただき，当社の許諾を得て下さい．